초콜릿 한 조각에 담긴 세상

일러두기

1. 인명, 지명 등 외국어 표기는 국립국어원의 외래어 표기법을 따르되 관용적인 표기와 동떨어진 경우는 널리 쓰이는 표기를 따랐다.
2. 인명, 외국 초콜릿 브랜드명에는 처음 한 번에 한해 원어를 병기했고, 일부 지명과 장소, 초콜릿 관련 용어 등에도 필요한 경우 원어를 병기했다.
3. 외래어 표기 및 원어 병기는 고유한 표기가 아닌 한 해당 언어권에서 사용하는 언어를 우선으로 했다(스위스는 언어권에 따라 독일어 및 프랑스어, 벨기에는 언어권에 따라 프랑스어 및 네덜란드어, 프랑스는 프랑스어 등). 그 외에는 영어를 우선으로 했다.
4. 책, 신문, 잡지는 『』, 영화, 드라마, 그림, TV 프로그램은 「」로 표기했다.
5. 초콜릿 이름, 장소, 지명에 –가 들어간 경우 –를 빼고 모두 붙여 표기했고, 인명에 –가 들어간 경우에는 –를 빼지 않았다.

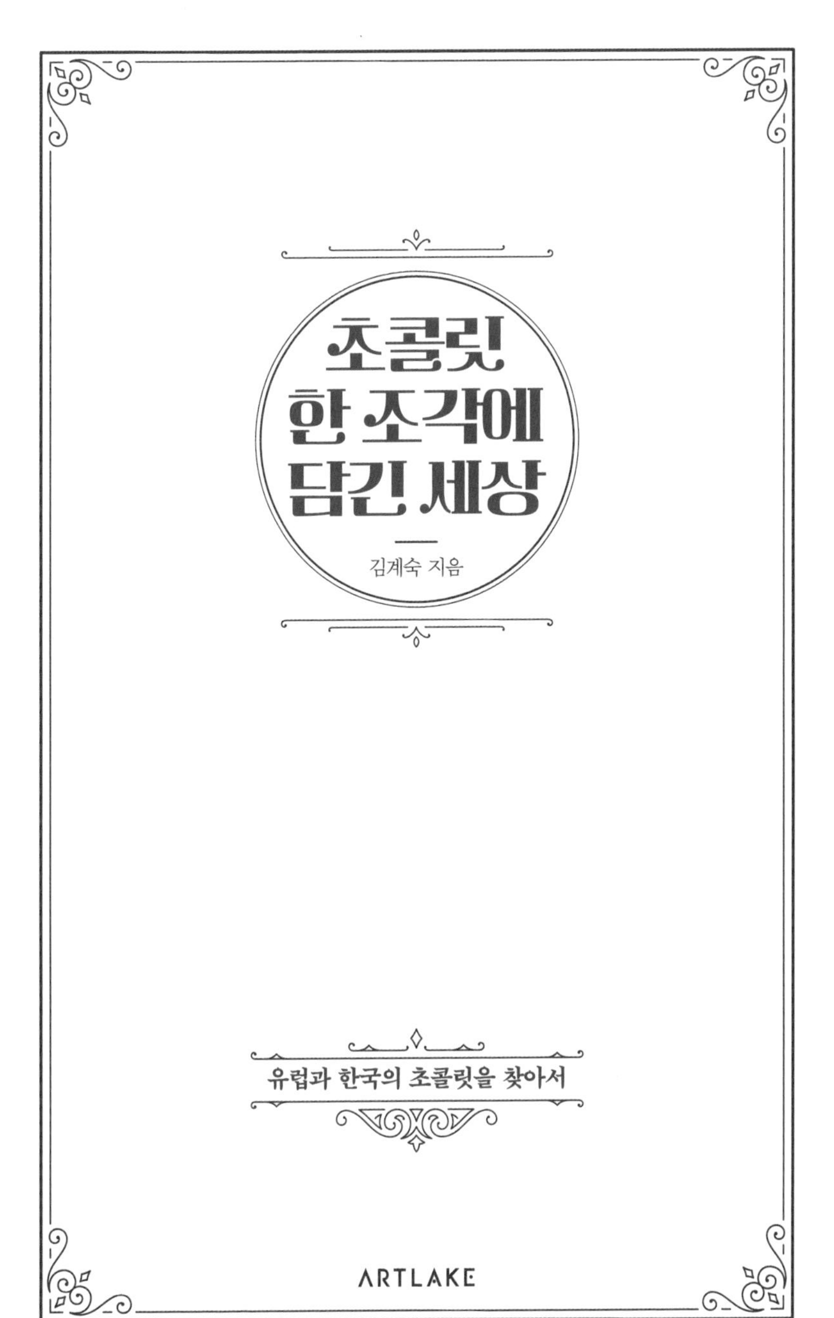

초콜릿 한 조각에 담긴 세상

김계숙 지음

유럽과 한국의 초콜릿을 찾아서

ARTLAKE

프롤로그

약 20년 전에 프랑스 여배우 쥘리에트 비노슈(Juliette Binoche)가 작은 시골 마을에서 초콜릿을 만드는 신비스러운 여주인공을 맡아, 마을 주민들과 초콜릿으로 인해 갈등을 겪다 결국 이해하고 화해하는 영화 「초콜릿(Chocolat)」을 본 적이 있다.

아이들을 재워 놓고 TV를 돌리다 우연히 보았는데, 초콜릿이 상징하는 자유와 인간애, 마을의 시장이 상징하는 종교와 규범이 충돌하는 내용보다도 비안(쥘리에트 비노슈)이 만드는 초콜릿이 가장 인상적이었고 기억에 남았다.

초콜릿에 대해 별반 아는 것이 없었는데도, 그녀가 만들어 내는 초콜릿의 짙은 색감과 부드러운 질감, 반짝거림에 반하고 말았다. 뉴욕과 런던에 살아 본 적이 있어 나름 외국의 디저트를 접해 봤다 생각했는데, 그렇게 아름다운 초콜릿은 처음 보았다.

게다가 초콜릿이 가져온 마법은 또 어떤가? 평생 금욕적으로 살아와 인간미라고는 없는 마을 시장이 입가에 묻은 초콜릿 한 조각을 핥아먹고 완전히 변화되는 설정은 영화스럽기는 하지만 입가에 웃음을 머금게 했다.

초콜릿이 뭐기에 등장인물들의 삶을 변화시킬까? 그들처럼 한 입 깨물면 감동하는 그런 초콜릿이 실제로도 있을까? 궁금했다.

우연한 기회에 초콜릿 전문점에서 일하게 되어, 신선한 견과류가 듬뿍 들어 있고 반짝반짝 윤기가 흐르는 초콜릿을 맛보며 그동안 알지 못했던 초콜릿의 신세계를 경험했다. 또 영화처럼 삶을 변화시키지는 못해도, 먹으면서 행복을 느끼게 해 주는 훌륭한 맛과 모양의 초콜릿이 전 세계에 많다는 걸 알았다.

초콜릿에 관심을 가졌을 때 찾아 읽은 여러 권의 책들은 주로 전문적인 지식을 전달하거나 레시피를 알려 주는 책이었다. 훌륭한 저자들의 심도 있는 지식을 내 것으로 소화시킬 수 없어 읽으며 힘들었던 기억이 있다. 초콜릿에 관한 여러 정보와 상식을 쉽게 알 수 있으면 좋겠다는 생각이 들었다.

이 책에서는 나 같은 애호가가 초콜릿에 관해 알고 싶을 때 펼쳐 볼 수 있도록 관련 지식을 설명하고, 품질과 맛에서 세계 최고를 다투는 유럽의 초콜릿 브랜드, 초콜릿 토착화를 위해 애쓰는 우리나라의 전문점을 소개하고 있다. 물론 한 해 동안 내가 다녀

본 곳들은 일부에 불과하며 훨씬 많은 전문점이 저마다의 특색을 가진 훌륭한 초콜릿을 만들고 있다.

또한 초콜릿 수입업체에 근무하면서 느꼈던 우리나라의 초콜릿 시장에 대해 조금 언급했다. 지극히 개인적인 시각임을 밝힌다.

나는 초콜릿을 좋아하며 관심을 가진 애호가가 이 책을 읽기를 바란다. 그리고 좋은 초콜릿을 만들고자 애쓰는 종사자들의 수고와 노력에 박수를 보내 줬으면 한다.

거의 30년 만에 다시 글을 쓸 수 있도록 이끌어 주신 윤광준 선배, 무명의 아줌마에게 기꺼이 책을 쓰도록 기회를 주신 아트레이크 출판사의 김종필 대표, 부족한 글을 다듬어 준 윤혜신 편집장, 멋진 디자인으로 책을 완성해 준 전병준 실장에게 감사드린다.

프리미엄 초콜릿에 관해 많은 정보를 전해 주신 ㈜규리인터내셔날의 이규범 대표와 송은신 쇼콜라티에에게도 감사의 인사를 전한다.

마지막으로, 이 책을 읽은 독자들이 혼자만의 자유를 즐기기 위해서, 사랑하는 사람들과의 행복한 순간을 위해서, 누군가에게 열정적인 응원을 하기 위해 초콜릿을 사고, 먹고, 즐기기를 소망한다.

목차

Chapter 3.

초콜릿에 한국적인 감성을 더하다

Chapter 4.

우리나라 초콜릿 시장의 상황

Chapter 1.

초콜릿 제대로 즐기기

1

알고 먹으면 더 맛있는 초콜릿의 세계

카카오에서 초콜릿으로

초콜릿을 직접 만드는 전문점이나 유럽의 수제 초콜릿을 수입, 판매하는 매장에 가 보면 벽면에 노란색, 주황색, 붉은색의 큰 열매가 사진으로 혹은 그림으로 그려져 있거나 열매의 모형이 여기저기 놓여 있다. 그 열매가 카카오나무의 열매인 카카오 포드(cacao pod)이고 속에 들어 있는 카카오 빈(cacao bean)이 초콜릿의 원료가 되는 것이다.

카카오 품종은 크게 3가지로 나뉘는데, 이종 교배를 통해 새로운 품종이 탄생하기가 쉬워, 실제 카카오 품종은 수천 가지가 넘는다고 한다.

크리오요(Criollo)종은 맛과 향이 뛰어난 고급 품종이나 수확량이 적어, 전 세계 카카오 생산량의 3% 내외를 차지한다. 포라스테로(Forastero)종은 쓴맛이 강하지만, 생산성이 좋아 전 세계 생산량의 대부분을 점유하고 있다. 트리니타리오(Trinitario)종은 크리오요와 포라스테로의 교배종으로, 맛과 향이 훌륭하며 생산량도 크리오요종에 비해 많은 편이다.

카카오 빈에서 우리가 알고 있는 초콜릿이 되기까지의 과정을 간단하게 살펴보도록 하자.

1. 재배와 수확

카카오나무는 적도 가까운 열대 우림 지대의 비옥한 땅에서 잘 자란다. 1년 강수량이 2,000mm 정도 되고 한 달에 적어도 100mm 이상 비가 내려야 하므로, 중남미, 아프리카, 동남아시아의 여러 나라에서 자라기는 하지만 그중 코트디부아르, 가나를 포함한 10개국 정도가 전 세계 수확량의 90%를 차지한다. 열대성 식물이지만 햇빛을 직접 받기보다는 그늘에서 더 잘 자라기 때문에 밀림의 키 큰 나무 아래 카카오나무를 심거나 중간에 키 큰 나무를 일부러 심기도 한다. 너무 크게 자라지 않게 가지 정리를 해서 보통 5~8미터 정도로 키운다.

카카오나무는 심고 나서 4~5년이 지나야 열매를 맺기 시작해 10년 정도가 되면 가장 많은 열매를 맺는다. 작황이 좋은 경우에는 나무당 60개의 열매를 수확하기도 한다. 잘 익은 열매는 길이가 25cm 정도, 무게는 300~500g 정도 되며 평균 40개의 카카오 빈을 함유하고 있다.

카카오 열매는 보통 1년에 두 차례 수확하는데, 주로 가을에 많이 하는 편이나 기후에 따라 변동이 있기도 하다. '마체테

(machete)'라는 날이 넓은 긴 칼로 가지에서 조심스레 잘라 낸 후, 포드를 갈라서 안에 들어 있는 빈과 둘러싸고 있는 끈적끈적한 펄프(pulp)를 꺼낸다.

2. 발효와 건조

펄프와 함께 꺼낸 카카오 빈에 바나나 잎을 덮어 발효시킨다. 품종, 지역, 농장에 따라 차이가 있으나 보통 5일, 길게는 1주일 정도 걸린다. 발효 과정 동안 미생물들의 활발한 활동과 여러 화학적 변화를 거쳐 카카오 빈의 색깔이 변하고 맛과 향이 생성되기 시작한다.

발효가 끝나면 건조 과정을 거친다. 보통 수분 함량이 7~8% 될 때까지 건조하는데, 뜨거운 태양 아래서 자연 건조를 시키는 것이 이상적이지만 지역에 따라 인공 건조 방식을 채택하는 곳도 있다. 수분이 없어져야 보관 기간도 길어지고 향미도 증진된다.

3. 선별과 선적

농장에서 건조 과정을 거친 카카오 빈은 각 지역의 수매 센터로 보내져 농업 협동조합이나 정부 기관의 1차 품질 검사를 거친다. 카카오 빈이 국가의 주요 수출품인 아프리카 국가의 경우는 정부 기관에서 적극적으로 개입한다. 검사를 거쳐 선별된 카카오 빈을 배에 싣는다.

4. 검수와 세척

각 업체의 공장에 보내진 카카오 빈은 다시 한번 업체의 선별 검사를 거쳐 먼지, 모래 등 이물질이 제거된다. 기계를 이용해 세척하는 업체도 있다.

5. 로스팅

로스터(roaster)에 카카오 빈을 넣고 140도 전후의 열을 가하는 과정이다. 이렇게 하면 원두에 들어 있는 수분과 휘발 성분, 타닌(tannin) 등이 제거되고 카카오 특유의 맛과 향이 깊어진다.

로스팅(roasting) 시간이 짧으면 강하고 진한 향이 발생하고, 낮은 온도에서 시간을 길게 하면 균형감이 있으며 정제된 맛이 나타난다. 초콜릿의 맛을 결정하는 매우 중요한 과정이기 때문에 업체마다 로스팅 온도와 시간은 극비 사항으로 다뤄지며, 숙달된 기술

진에 의해 진행된다.

초콜릿 업체 중에서는 먼저 원두의 껍질을 제거하고 부순 후 로스팅을 하는 곳도 있다. 볶은 후 잘게 부수거나, 압력을 가해 조각을 내서 볶는 등 순서는 각 업체의 초콜릿 제조 공정에 따라 다르다.

6. 외피 제거

위노워(winnower)를 이용해 카카오 빈을 둘러싸고 있는 껍질을 날려 버리고 카카오 빈을 잘게 부순다. 이 조각이 초콜릿의 주원료가 되는 카카오 닙(cacao nib)이다.

7. 분쇄

닙 그라인더(nib grinder)를 이용해 카카오 닙을 계속 갈면 고운 입자가 되면서 열이 발생, 카카오 닙에 들어 있는 유지 성분이 녹아 나오면서 코코아 매스(cocoa mass)가 된다. 상온에서 굳어 있을 때는 코코아 매스, 열이 가해져 액체 상태일 때는 코코아 리쿼(cocoa liquor), 반죽 상태일 때는 코코아 페이스트(cocoa paste)라고 부른다.

8. 혼합

멜랑제(melangeur)나 니더(kneader)를 이용해 코코아 페이스트에 설탕, 바닐라를 혼합하면 다크 초콜릿이 된다. 밀크 초콜릿을 만들기 위해서는 여기에 분말 우유를 넣고 섞어 준다. 화이트 초콜릿은 코코아 매스를 압착, 분리한 코코아 버터(cocoa butter)에 분말 우유와 설탕, 바닐라를 넣어 혼합한다.

9. 미분쇄

혼합된 코코아 페이스트를 롤러 리파이너(roller refiner)로 파우더에 가깝도록 곱고 균일하게 갈아낸다.

10. 콘칭

가루처럼 곱게 갈린 코코아 페이스트를 콘체(conche)에 넣어 오랫동안 열을 가하며 반복적인 힘으로 짓이기고 저어 주면, 혼합물이 잘 섞여서 질감이 부드러워지며 남아 있던 수분과 타닌이 없어지고 향미가 증가한다. 더욱 부드러운 질감과 깊은 풍미를 위해 혼

빈 투 바 업체에서 사용하는 소형 멜랑제. 분쇄, 혼합, 콘칭 작업에 이용된다.

합 과정이나 콘칭(conching) 과정에서 코코아 버터를 추가한다.

콘칭 과정은 고급 초콜릿을 만드는 데 있어 매우 중요하므로, 지식과 경험을 갖춘 전문 인력이 집중해서 살펴야 하는 과정이다. 콘체의 종류에 따라 짧게는 6시간에서 24시간, 길게는 72시간 동안 콘칭을 하기도 한다.

콘칭을 끝낸 초콜릿 리퀴드(liquid)는 사각 몰드(mold)에 넣어 굳혀

서 판형의 바(bar)·태블릿(tablet) 초콜릿을 만들거나, 동전 모양의 커버처 초콜릿(couverture chocolate)을 만든다.

11. 템퍼링

커버처 초콜릿에 열을 가했다가 식혀서 코코아 버터의 결정화 작업을 하는 것이 템퍼링(tempering)이고, 템퍼링이 잘 돼야 표면에 광택이 있고 유지 블룸(fat bloom) 현상을 막을 수 있다.

템퍼링은 소규모 제작인 경우는 초콜릿을 만드는 작업자의 손을 거치지만, 규모가 큰 경우에는 기계(tempering machine)의 힘을 빌린다.

12. 초콜릿 제조

템퍼링이 된 초콜릿을 이용해 다양한 초콜릿을 만든다. 견과류가 가득 들어간 바크 초콜릿(bark chocolate), 다양한 충전재가 들어간 프랄린(praline) 등 우리에게 익숙한 초콜릿이 만들어진다.

카카오에서 고급 초콜릿이 만들어지는 일반적인 과정을 살펴보았다. 각종 기계를 사용해 대량 생산하는 경우나, 소형 멜랑제

로 분쇄와 혼합, 콘칭을 한 번에 하는 빈 투 바(bean to bar) 업체처럼 제조 형태나 생산 규모에 따라 과정이 생략될 수도 있다.

알아 두면 유용한 초콜릿 용어

우리나라 식품 공전에서는 카카오나무 열매인 카카오 포드, 씨앗인 카카오 빈 등 가공되기 전 상태를 표현할 때는 '카카오'라 하고, 가공을 거쳐서 만들어진 것을 말할 때는 '코코아'라는 명칭을 사용하고 있다. 영어 자료에는 코코아 트리(cocoa tree), 코코아 빈(cocoa bean) 등 카카오 대신 모두 코코아를 사용하고 있으나, 우리나라에서는 식품 공전에 나온 대로 구분해서 사용하는 것이 일반적이다.

이처럼 초콜릿과 관련해 알아 두면 유용한 용어들을 간단히 살펴보기로 한다.

1. 코코아 버터와 코코아 파우더

카카오 빈에는 약 50%의 유지가 함유되어 있다. 코코아 매스에 수압이나 열을 가해 코코아 버터를 추출하고 남은 코코아 케이크(cocoa cake)를 분말로 만든 것이 코코아 파우더(cocoa powder)이다. 보통 80~90%의 코코아 버터를 추출하므로, 코코아 파우더에는 10~20% 정도의 코코아 버터가 들어 있다.

추출된 코코아 버터는 고

급 초콜릿을 만들 때 더욱 부드러운 맛과 질감을 위해 추가되는 중요한 재료이며, 이외에도 제약 산업과 화장품 산업에서 많이 사용되고 있다.

코코아 파우더는 초콜릿을 만드는 데 다양하게 사용된다. 대기업의 콤파운드 초콜릿(compound chocolate) 제조에 많이 이용되며, 수제 초콜릿을 만들 때 초콜릿 표면을 감싸는 용도로 쓰이기도 한다.

2. 리얼 초콜릿과 콤파운드 초콜릿

코코아 매스에 품질 향상을 위해 코코아 버터를 더 첨가해서 만든 고급 초콜릿을 리얼 초콜릿(real chocolate)이라 하며, 코코아 파우더에 식물성 지방(코코넛 기름 등)과 감미료를 넣어 만든 제품을 콤파운드 초콜릿이라 부른다. 콤파운드 초콜릿은 리얼 초콜릿보다 값이 싸므로, 대기업에서 생산하는 양산 초콜릿에 주로 쓰인다.

3. 프랄린과 프랄리네

외국 자료를 볼 때 가장 헷갈리는 것이 프랄린과 프랄리네(praliné)이다. 영어로는 둘 다 'praline'이기 때문이다.

프랄리네는 프랑스에서 쓰이는 용어로, 물과 설탕을 넣고 끓이다 아몬드나 헤이즐넛 등의 견과류를 넣고 캐러멜화한 후 식혀서 분쇄해 페이스트 형태로 만든 것이다. 여기에 커버처나 코코아 버터를 섞어서 굳힌 후 자르고 초콜릿을 디핑(dipping)해 고급 초콜릿을 만든다. 즉 초콜릿의 필링(filling)으로 쓰이는 것이다. 그러나 벨기에와 스위스에서는 프랄린이 단단한 셸(shell) 안에 부드러운 필링을 채운 초콜릿을 가리키는 용어로 사용된다.

'praline'이 나라마다 다른 개념으로 사용되자 국제식품규격위원회(Codex Alimentarius International Food Standards)에서는 프랄린에 대해 다음과 같이 정의했다. '프랄린이란 초콜릿 성분의 양이 제품 전체 중량의

노이하우스의 프랄린

25% 이상을 차지하는 한입 크기의 제품을 말한다.'

즉 프랄리네, 가나슈(ganache), 잔두야(gianduja), 마지팬(marzipan) 등과 같은 속 재료가 들어간 한입 크기의 초콜릿을 말한다. 몰드를 이용해 셸을 만들어 그 속에 충전재를 채우기도 하고, 충전재를 굳혀서 자른 후 초콜릿에 담갔다 꺼내는 디핑 방식으로 만들기도 한다. 프랑스에서는 봉봉 오 쇼콜라(bonbon au chocolat)로 부른다.

4. 템퍼링

고체 형태의 코코아 버터가 들어 있는 초콜릿을 녹여서 사용하는 경우에 반드시 수행해야 하는 작업이다. 코코아 버터는 각기 다른 성질을 가진 세 가지 지방산으로 구성돼 있는데, 이 지방산을 이루고 있는 분자를 결정화시켜 안정성이 좋은 상태로 만드는 것이 템퍼링 작업이다. 쉽게 말하면 커버처를 녹인 후 여러 방법을 이용해 작업에 필요한 온도를 다시 맞추는 일이며, 이렇게 함으로써 블룸 현상을 방지하고 윤기와 광택이 나는 초콜릿을 만들 수 있다.

템퍼링 방법은 크게 세 가지 정도로 나뉘며, 초콜릿 종류에 따라서 녹이는 온도와 작업 온도가 다르므로 주의해야 한다. 다크 초콜릿의 경우를 살펴보자.

① **대리석법**

초콜릿을 완전히 녹인 후(45도 이상) 3/4 정도의 양을 대리석 위에 붓는다. 대리석 위에서 초콜릿을 넓게 펼쳤다가 모으기를 반복해서 온도가 27도로 떨어지게 한다. 초콜릿을 다시 볼에 옮겨 담고 잘 섞어서 온도를 31~32도로 맞춘다. 많은 양을 한꺼번에 처리할 수 있어 작업 속도가 빠르고 전시 효과도 크지만, 웬만한 실력과 경험을 갖추지 않는 한 도전하기 어려운 방법이다.

② **수냉법**

초콜릿을 완전히 녹인 후(45도 이상) 17도 이하의 찬물을 담은 용기에 초콜릿이 담긴 볼을 넣는다. 바닥과 옆면을 잘 긁어 주며 계속 섞어 온도가 27도까지 떨어지게 한 후 용기에서 내려 다시 31~32도로 올려 준다. 최소한의 장비로 작업할 수 있으나 속도가 느리고, 초콜릿에 수분이 침투할 우려가 있다.

③ **접종법**

초콜릿을 완전히 녹인 후(45도 이상) 템퍼링된 초콜릿(커버처나 바 초콜릿)을 잘게 다져 조금씩 넣어 녹이면서 온도가 31~32도까지 떨어지게 한다. 안정적인 결과물을 얻을 수 있고 소량 작업이 가능하다. 요즘은 전자레인지를 이용해 초콜릿을 녹인 후 커버처를 조금씩 넣어서 온도를 맞추는 방법을 많이 사용하고 있다.

이상의 템퍼링 방법은 소규모 수제 초콜릿 전문점이나 초콜릿 제조 클래스 또는 개인적으로 초콜릿을 만들 때 주로 사용되는 방법이고, 어떤 방법을 사용해서 템퍼링을 하든지 간에 초콜릿을 작업에 적합한 온도로 유지하는 것이 무엇보다 중요하다. 템퍼링이 잘 된 초콜릿은 윤기가 흐르고 광택이 나며, 초콜릿을 과도에 묻혀 굳힌 후 떼어 낼 때 칼 표면에 남지 않고 깨끗하게 떨어진다.

수제 초콜릿을 표방해도 생산량이 많은 경우는 일반적으로 템퍼링 기계를 이용하나, 프랑스의 한 초콜릿 브랜드에서는 소속 쇼콜라티에(chocolatier)가 직접 대리석 템퍼링을 해서 초콜릿을 만든다고 한다.

5. 커버처 초콜릿

콘칭 과정까지 거친 고급 초콜릿으로, 그대로 먹을 수 있으나 주로 수제 초콜릿이나 초콜릿 음료를 제조할 때 많이 사용된다. 제과용으로도 쓰지만, 워낙 가격이 비싸서 고급 디저트를 만들 때 사용하는 곳이 많다.

프랑스의 발로나(Valrhona), 벨기에의 바리 칼리바우트(Barry Callebaut), 스위스의 펠클린(Felchlin) 등이 품질 좋은 커버처 제조사이며, 국내에서도 구할 수 있다. 유럽의 프리미엄 브랜드에서는 대개 자사 브랜드의 커버처를 생산하고 있으나, 우리나라에 수입이 되지는 않는다. 현지에서는 소량으로 포장된 커버처를 구매할 수 있다.

6. 블룸 현상

초콜릿을 구매해서 빨리 먹지 않고 보관하다 보면, 진한 갈색이어야 할 초콜릿 표면이 군데군데 또는 전체적으로 하얗게 되어 있는 것을 볼 때가 있다. 이것이 블룸 현상인데, 유지 블룸과 슈거 블룸(sugar bloom)으로 나눌 수 있다. 보관할 때 온도 변화로 인해 발생하는 경우가 많다.

① 유지 블룸

여름철에 외부 온도가 높아 초콜릿이 녹으면, 코코아 버터 등 유지가 녹으면서 초콜릿 표면으로 이동하게 되고 이후 다시 굳어지면서 표면이 희끗희끗하게 된다. 초콜릿을 만드는 과정에서 템퍼링이 제대로 되지 않아 코코아 버터의 결정이 변화하면서 발생하기도 한다.

② 슈거 블룸

초콜릿에 수분이 들어가거나 초콜릿을 습기가 많은 곳에 보관하면, 설탕이 수분에 녹았다가 수분이 증발하면서 설탕이 재결정화되어 하얗게 된다. 초콜릿을 냉장고에 넣었다가 꺼내 상온에 두면, 차가운 초콜릿이 따듯한 공기와 만나 표면에 수분이 맺힌다. 이로 인해 설탕이 녹았다가 굳어져 슈거 블룸이 나타나기도 한다.

7. 그랑 크뤼

그랑 크뤼(Grand Cru)는 고급 와인의 생산 지역이나 등급을 말할 때 쓰던 용어인데, 프랑스의 발로나 초콜릿에서 1986년 그랑 크뤼 과나하(Grand Cru Guanaja)를 출시하면서 고급 초콜릿을 일컫는 용어로 개념이 확장되었다.

카카오 빈은 품종에 따라 또 재배 지역에 따라 각기 다른 맛과 향, 특성을 나타내는데, 특정 지역에서 재배된 우수한 품종의 카카오 빈을 원료로 만든 품질 좋은 다크 초콜릿을 그랑 크뤼 초콜릿이라 부른다. 초콜릿 생산에 사용된 모든 카카오 빈이 동일 지역(국가, 마을)에서 재배, 수확, 발효, 건조된 것을 나타내므로 싱글 오리진(single origin)과 혼용해서 쓰이기도 한다.

발로나는 1998년 단일 지역의 단일 농장에서 수확한 카카오 빈으로 만든 그랑 쿠바 트리니다드(Gran Couva Trinidad) 다크 초콜릿을 출시해, 더욱 세분화한 맛의 경지를 보여 주고 있다.

전 세계의 유명 브랜드에서는 생산량이 적은 최상급 카카오 빈으로 훌륭한 품질의 그랑 크뤼 초콜릿을 만들고 있다. 좋은 초콜릿을 먹고자 하는 소비자라면 그랑 크뤼 초콜릿을 선택하기를 바란다.

초콜릿의 종류

유럽이나 우리나라의 초콜릿 전문점을 여러 곳 다니다 보면 자주 보게 되는 초콜릿이 있다. 전문점의 대표 상품이며 소비자들이 많이 찾는 제품들이다. 알아 두면 선택할 때 도움이 되는 초콜릿 종류를 살펴본다.

1. 아망드 오 쇼콜라(Amandes au Chocolat)

물과 설탕을 끓이다가 통 아몬드를 넣고 하얗게 결정화시킨 후, 다시 불에 올려 저어 주면 아몬드가 캐러멜화된다. 여기에 템퍼링된 다크 초콜릿을 적당량 넣어 여러 차례 코팅하고 코코아 파우더를 골고루 묻힌다.

2. 망디앙(Mendiant)

견과류와 건조 과일, 당 절임 과일을 다크·밀크·화이트 초콜릿 위에 올려, 견과류의 고소한 맛과 과일의 신선한 맛을 함께 즐길 수 있다.

3. 로셰(Rocher)

채 썬 아몬드를 캐러멜화한 후 다크·밀크·화이트 초콜릿에 버무려 굳힌다.

4. 오랑제트(Orangette)

오렌지 필(peel)을 다크 초콜릿에 디핑한 후 굳힌다. 오렌지의 새콤달콤함이 다크 초콜릿과 적절히 어우러져, 많이 달지 않으면서 상큼한 과일의 맛을 느끼게 해준다. 레몬 필을 사용하기도 한다.

5. 디핑 초콜릿

가나슈, 잔두야, 프랄리네 등의 충전재를 사각형으로 자른 후 템퍼링된 초콜릿에 담갔다 꺼내는 디핑 기법의 초콜릿은 몰드 초콜릿보다 모양은 단순하지만, 수제 초콜릿의 정석을 보여 준다. 그러나 수작업에 의존해서는 많은 양의 초콜릿을 만들어 낼 수 없으므로 유럽에서는 자동으로 초콜릿을 씌우는 엔로버(enrober)라는 기계를 이용하는 전문점이 많다.

수작업으로 만드는 디핑 초콜릿

6. 몰드 초콜릿

꽃 모양, 하트 모양, 입술 모양 등 다양한 형태의 플라스틱 몰드를 이용해 초콜릿을 만든다. 한꺼번에 많은 양을 만들 수 있는 장점이 있으며, 셸에 어떤 가나슈를 넣어 채우느냐에 따라 다양한 초콜릿이 만들어지므로 쇼콜라티에의 개성과 역량이 잘 발휘된다.

7. 트러플(Truffle)

커버처를 녹여 버터나 생크림, 설탕 등과 혼합한 뒤 작은 공 모양으로 만들고, 템퍼링된 초콜릿을 씌우거나 코코아 파우더에 굴려 묻힌다. 리쿼(liquor) 등을 첨가해 만들기도 한다.

8. 바크 초콜릿

아몬드나 헤이즐넛, 피스타치오 등의 견과류를 템퍼링된 다크·밀크·화이트 초콜릿과 버무려 굳힌다. 견과류와 함께 건조 과일을 넣어서 만들기도 한다. 브랜드에 따라서 후레쉬 초콜릿(Fresh Chocolate), 브레이크업 초콜릿(Break-Up Chocolate) 등으로 불린다.

9. 과일 젤리(Pâte de Fruits)

냉동 과일 퓌레(purée)와 설탕, 펙틴(pectin)을 이용해 만든다. 한입 크기로 잘라서 디저트로 먹거나, 얇게 만들어 가나슈와 결합, 초콜릿의 충전재로 사용한다.

10. 파베(Pavé)

다크 커버처에 가열한 생크림을 넣고 섞은 후, 굳혀서 정사각형으로 자르고 코코아 파우더를 묻힌 초콜릿이다. 사각형의 모양과 코코아 파우더의 색깔 때문에 벽돌을 뜻하는 '파베'라는 이름이 붙었다. 열에 약해 쉽게 녹아서 상온이 아닌 냉장 상태를 유지해야 한다.

초콜릿의 선택과 보관

카카오에는 항산화 성분인 플라바놀(flavanol)이 다량 함유되어 있다. 플라바놀의 건강상 효과가 부각되면서 카카오의 효능도 주목받기 시작했는데, 플라바놀은 뇌혈관을 활성화시켜 노화 방지 및 치매 예방에 도움을 주고 체지방 분해에도 탁월한 것으로 알려져 있다.

또 카카오에 들어 있는 여러 물질 중 페닐에틸아민(phenylethylamine)은 사고력과 기억력, 집중력을 올려 주고, 리그닌(lignin)은 체내 배설 기능을 촉진시켜 대장암 예방에 도움을 준다고 한다.

그렇다면 카카오에 함유된 이런 좋은 성분들을 어떻게 하면 잘 섭취할 수 있을까? 일부 빈 투 바 전문점에서는 카카오 닙에 초콜릿을 씌우거나, 끓여서 차로 마실 수 있는 제품을 내놓기도 했다. 그러나 카카오의 효능에 관한 연구 대부분은 초콜릿 섭취를 기준으로 했기 때문에 카카오 닙보다는 초콜릿을 먹는 것이 일반적이다. 건강에 좋은 초콜릿을 선택할 때 주의할 점을 알아보자.

1. 재료가 단순한 초콜릿

구매하기 전, 제품 표기 사항을 잘 살펴보도록 한다. 수입 초콜릿이든 국내산이든 표기 사항에 식품 유형, 재료, 생산지 등 다양한

정보가 적혀 있다.

리얼 초콜릿의 경우는 재료가 단순하다. 다크 초콜릿은 코코아 매스, 코코아 버터, 설탕, 바닐라(자연 유래 향), 밀크 초콜릿은 여기에 우유 성분(분말 우유)이 추가된다. 그러나 콤파운드 초콜릿은 재료가 복잡하다. 코코아 성분이 적게 들어간 대신 다른 재료가 많이 들어가기 때문이다.

견과류나 과일류를 포함하는 초콜릿은 당연히 재료가 추가된다. 이런 경우 외에 재료가 복잡하게 적혀 있으면 일단 좋은 초콜릿은 아니다.

2. 코코아 함량이 높은 초콜릿

카카오에 들어 있는 좋은 성분을 많이 섭취하려면 코코아 매스와 코코아 버터를 포함한 코코아 함량이 높은 다크 초콜릿을 먹는 것이 좋다. 코코아 함량이 높다는 것은 쓴맛이 강하다는 의미이다. 70%가 적당하다고 알려져 있으나, 60~85%까지 기호에 맞게 선택하면 된다. 다크 초콜릿이 몸에 좋다고 해서 약이나 건강식품은 아니므로 적당량을 먹도록 한다.

막스 쇼콜라티에의 Java 64% 다크 초콜릿

3. 유통 기한이 짧은 초콜릿

리얼 초콜릿이 콤파운드 초콜릿보다 유통 기한이 짧은 이유는 천연 재료를 사용하고 보존제 등 첨가물이 들어 있지 않기 때문이다. 초콜릿의 종류에 따라 차이는 있으나, 일반적으로 유통 기한이 1년인 초콜릿과 2년인 초콜릿이 있으면 1년인 제품을 선택하는 것이 좋다.

이렇게 선택한 초콜릿을 맛있게 먹으려면 보관을 잘해야 한다. 가장 좋은 방법은 직사광선을 피하고 습기가 적은 18도 정도의 상온에서 보관하는 것이다.

초콜릿이 녹을 것을 염려해 무조건 냉장고에 넣는 사람들이 많은데, 냉장고는 내부 온도가 낮고 습기가 높아 초콜릿이 굳어서 식감이 좋지 않고 맛도 잘 느껴지지 않으며 블룸 현상도 일어날 수 있다.

하지만 여름처럼 상온 보관이 힘든 경우에는 지퍼 백이나 밀폐 용기에 넣어 공기를 차단한 후 냉장고 아래 칸에 놓아둔다. 와인 셀러가 있다면 냉장고보다 와인 셀러에 보관하는 편이 낫다.

겨울에 난방을 많이 해서 실내 온도가 높은 경우에는 베란다나 다용도실에 보관하고, 실내 온도가 높지 않으면 그냥 실내에 두고 먹어도 된다. 공기와 접촉하지 않는 것도 중요하니, 상자에 들어 있으면 뚜껑을 덮고 끈으로 묶거나 지퍼 백에 넣어서 보관한다.

상온에서 4~6주 이내에 먹으라는 초콜릿은 보통 견과류가 많이 들어 있어, 시간이 지나면 고소함과 신선한 맛이 덜하다. 빈 투 바 초콜릿은 카카오 본연의 맛에 충실하기 위해 첨가물을 최소한으로 제한하기 때문에 보통 3주 이내에 먹을 것을 권고한다. 이 기간이 지나면 먹지 말고 버려야 하나? 그렇지는 않다. 먹는

데 문제는 없으나 맛은 확실히 떨어지니 되도록 빨리 먹으라는 것이다.

프랄린이나 바 타입의 초콜릿은 보관을 잘하는 경우 6~12개월까지도 먹을 수 있다. 그러나 초콜릿의 유통 기한이 길다고 오래 두고 먹는 것보다는 되도록 빨리 먹어야 초콜릿의 풍미를 제대로 즐길 수 있다.

Chapter 2.

초콜릿의 본산지를 찾아 떠난 여행

1

유럽 역사와 함께 발전한 초콜릿

초콜릿의 원료인 카카오는 그 학명인 '테오브로마 카카오(Theobroma cacao)'에서 알 수 있듯이 중남미의 톨텍(Toltec), 마야(Maya), 아즈텍(Aztec) 문명에서 '신들의 음식'으로 여겨졌다.

멕시코의 올멕(Olmec)족은 신에게 제사 지낼 때 카카오를 사용했으며 B.C. 1500년부터 카카오 빈을 갈거나 빻아서 음료를 제조해 먹었고, A.D. 600년경 마야인들은 영양 성분이 풍부하고 최음 효과가 있는 음료(Xocolatl)를 만들기 위해 카카오나무를 재배했다고 전해진다.

16세기 중앙아메리카를 정복한 스페인의 코르테스(Hernán Cortés)는 물건을 사고파는 통화 기능까지 맡고 있던 카카오에 많은 관심을 가졌다. 1528년 드디어 본국에 이 이국적이고 신비로운 음료를 소개했으나, 가공되지 않은 씁쓸한 맛의 음료는 유럽인의 미각을 충족시키지 못했다. 이후 쓴맛을 꿀이나 사탕수수로 중화시키며 상류층에서 인기를 끌기에 이르렀다.

1615년 마드리드에서 성장기를 보낸 오스트리아의 공주 아나(Anne d'Autriche)가 루이 13세(Louis XIII)와 결혼하게 되면서 '마시는 초콜릿'을 프랑스 궁정으로 가져갔고, 프랑스 귀족 사회에서 상류층이 즐기는 최고의 음료로 각광받으며 전 유럽으로 퍼져 나가게 되었다.

원료인 카카오의 가격이 비쌌기 때문에 '마시는 초콜릿'은 오랫동안 사치품으로 인식되었고, 중하류 계층은 아플 때 먹는 약으로 겨우 접할 수 있었다. 그러다 산업화의 도래와 세계 무역의 발전으로 원료의 가격이 내려갔고, 새롭게 부를 축적한 중산층이 소비 대열에 끼게 되면서 초콜릿의 수요가 급격히 늘어났다.

1828년에는 네덜란드의 반 후텐(Coenraad Johannes van Houten)이 수압식 압착기를 이용해 카카오 빈에서 유지를 분리하는 카카오 처리법을 개발, 코코아 파우더와 코코아 버터를 분리해 냈다.

1847년 영국의 '프라이 앤 선즈(J. S. Fry&Sons)'가 증기 기관을 이용한 기계 장치로 코코아 파우더에 설탕을 섞어 분쇄하고 다시 코코아 버터를 더한 후 굳힌 부드러운 판형 초콜릿을 개발해 '먹는 초콜릿(고형 초콜릿)'을 세상에 내놓으면서, 초콜릿 산업은 새로운 국면을 맞이하게 되었다. '고형 초콜릿'은 이후 스위스의 발명가들이 개발한 여러 기계 덕분에 본격적으로 대량 생산되기에 이르렀다.

초콜릿의 대중화에 기여한 스위스

스위스는 산악 지역이 많고 광물 자원이 부족한 열악한 자연환경을 극복하기 위해 숙련된 노동력에 의존할 수밖에 없었고, 산업혁명을 거치며 다양한 기계 장치를 수입, 발전시키면서 정밀 산업이 발달하게 되었다. 이러한 섬세한 기술력은 스위스의 초콜릿 산업을 발전시킨 밑거름이라 할 수 있다.

스위스 초콜릿 산업은 위대한 선구자들에 의해 비약적인 발전을 거듭했다. 1819년 프랑수아-루이 카이예(François-Louis Cailler)는 기계 장치를 이용해 고형 초콜릿을 만드는 제작소를 최초로 세웠다. 카이예는 스위스에서 가장 오래된 초콜릿 브랜드로, 200년이 넘는 지금까지도 여전히 소비자의 사랑을 받고 있다.

필립 쉬샤르(Philippe Suchard)는 1826년에 카카오와 설탕 등 부재료를 분쇄하고 섞는 기계인 멜랑제를 발명하면서 세리에르(Serrières)에 공장을 세웠다. 1836년에는 스프륑글리 부자(David&Rudolf Sprüngli)가 취리히에, 1899년에는 장 토블러(Jean Tobler)가 베른에 초콜릿 제작소를 설립했다.

스위스를 세계 최고의 밀크 초콜릿 생산 국가로 만든 사람은 다니엘 페터(Daniel Peter)이다. 그는 1867년 제작소를 차리고, 많은 시도 끝에 앙리 네슬레(Henri Nestlé)가 만든 분말 형태의 우유를 초콜릿과 섞어 1875년 밀크 초콜릿을 개발해 냈다.

카카오를 갈아 으깨는 데 사용된 메타테

1879년에는 초콜릿 산업의 역사를 비약적으로 발전시킨 기계가 발명되었다. 로돌프 린트(Rodolphe Lindt)는 우연히 분쇄기에 카카오와 다른 재료들을 넣고 스위치를 끄지 않았다가 혼합물이 부드러운 초콜릿으로 변한 것을 보고, 연구를 거듭한 끝에 콘체를 만들어 냈다. 화강암 지지대 위에 화강암 롤러를 달아 코코아 페이스트를 반복해서 저어 주는 콘칭 기술의 개발은 코코아 페이스트의 입자 크기를 작게 하고 설탕 및 분말 우유와 잘 섞이게 함으로써, 부드러운 질감은 물론 초콜릿의 맛과 향을 더욱 개선하는 기대 이상의 효과를 가져왔다.

1890년대부터 1920년대까지 스위스의 초콜릿 산업은 스위스 여행 산업의 황금기와 더불어 활짝 꽃피게 되었다. 전 세계 부유층이 스위스의 청정 자연을 즐기러 왔다가 초콜릿에 빠져들게 되

초콜릿 산업을 비약적으로 발전시킨 로돌프 린트의 콘체

었고 이들은 너도나도 본국으로 초콜릿을 사 들고 갔다.

1900년부터 1918년까지 스위스는 전 세계 초콜릿 시장을 석권하게 되었고, 생산량의 3/4을 수출했다. 유럽의 작은 나라 스위스가 초콜릿에 있어서만큼은 세계를 흔드는 강국이 되었다. 그러나 발전기가 있으면 쇠퇴기도 있게 마련이어서, 1920년대 말부터 세계 각국의 보호 무역주의, 경제 공황으로 인해 수출길이 막혔고, 제2차 세계대전 이후 설탕과 카카오에 대한 물량 확보가 어려워지며 지난날의 영화는 찾을 수 없게 되었다.

많은 어려움이 있었지만, 1950년대 이후 스위스는 자동화와 신기술 개발을 통해 초콜릿 생산을 획기적으로 늘리며 세계 시장을

공략했다. 품질 유지는 물론 소비자들의 기호에 맞춘 새로운 제품 개발, 공장 현대화를 위한 투자, 생산자들에 대한 전문 교육 등 스위스는 21세기에도 세계 최고 초콜릿 생산국으로서의 면모를 잃지 않기 위해 노력하고 있다.

2

유럽으로 떠나는 초콜릿 여행

스위스 취리히

초콜릿 투어의 출발지, 청정 자연 스위스

코로나바이러스감염증-19(이하 코로나19)로 전 세계가 꽁꽁 얼어붙었던 2년 6개월의 시간이 지나고 코로나19와 공존을 택한 세계 각국이 자국의 문호를 조금씩 개방하면서, 그동안 무척이나 가 보고 싶었던 유럽 초콜릿의 본산지—스위스, 벨기에, 프랑스—를 찾아 떠났다.

IMF가 터지던 1997년 3월 영국 런던에 주재원 발령을 받은 남편을 따라 6살, 4살 두 아들을 데리고 걱정 반, 설렘 반으로 유럽

생활을 시작했던 때가 있었다. 정신없이 아이들을 키우다 보니 3년 3개월이 금방 지났고, 2000년 귀국한 이후 여러 사정으로 다시 가 보지 못한 채 22년 만에야 유럽 땅을 밟게 된 것이다. 그것도 런던에 살고 있을 때조차 살인적인 물가로 악명 높아 가 보지 못했던 스위스로 말이다.

스위스는 산과 호수의 나라이다. 바다처럼 넓은 호수와 여름에도 눈이 쌓여 있는 만년설, 특히 유럽의 지붕이라 일컫는 융프라

우(Jungfrau)와 마터호른(Matterhorn)은 스위스의 상징과도 같다. 또 스위스는 많은 중장년층의 기억 속에 하이디의 나라와 요들송의 나라로, 젊은 층에는 드라마 「사랑의 불시착」으로 알려져 있다.

스위스를 국내총생산(GDP, Gross Domestic Product) 8만 달러의 부국으로 만든 것은 금융업이다. 스위스 은행은 나치에 협조하고 독재자들의 재산을 은닉해서 많은 비난을 받은 적이 있지만, 그래도 여전히 고객들의 신뢰를 받고 있다. 스위스는 또한 세계 최고의 시계를 만들어 내는 정밀 공업의 본산이며, 환상적인 밀크 초콜릿을 처음으로 만든 나라이다.

6월 7일 밤 11시 55분 출발이라 9시쯤 공항에 도착했다. 코로나19로 2년 반 동안 개점휴업 상태였다가 간신히 하루에 1~2편씩 비행기가 뜨고 내리게 된 상황이라, 밤의 인천 공항은 을씨년스러웠다. 그러나 내가 탈 두바이행 비행기는 만석이었다.

두바이나 도하를 거쳐 유럽의 각 도시로 가는 아랍권 항공사들은 모두 한밤중에 출발해 경유지에서 2~4시간 기다렸다가 비행기를 갈아타고 가는 일정이다. 9시간 30분을 비행해 두바이에 내리니 새벽 4시 30분쯤 되었다.

취리히행 비행기 탑승까지 3시간 이상 혼자 기다려야 했지만, 우연히 마주친 스타벅스에서 플랫 화이트와 달짝지근한 크루아상을 먹으며 오랜만에 경험하는 외국 공항의 낯설지만 설렘 가득한 분위기를 만끽했다.

오전 8시 40분 취리히행 비행기에 올라타 다시 6시간 30분을 비행한 끝에 취리히 공항에 도착했다. 비행기를 탄 지 20여 시간 만이다. 입국 심사관이 무슨 목적으로 왔느냐 묻기에 스위스 초콜릿을 너무 좋아해 현지에서 직접 초콜릿을 사 먹으려 왔다고 대답했더니, 좀 어이없다는 표정을 지으며 그럼 아주 만족할 만한

취리히의 관광 명소가 몰려 있는 구시가지 전경

여행이 될 거라고 했다.

낯선 도시에서 숙소를 찾는 일은 첫 번째로 맞이하는 위기이다. 물론 택시를 타고 호텔명을 말하면 될 일이지만, 난 스위스의 거의 모든 대중교통을 자유롭게 이용할 수 있는 스위스 트래블 패스(Swiss Travel Pass)를 우리나라에서 이미 발권해 왔다. 3일권부터 시작해 4일·6일·8일·15일권까지 연속 또는 비연속으로 사용할 수 있는 이 패스는 e-티켓 형태로 스마트폰에 저장해서 소지하고 있다가, 검표원이 요구하면 보여 주면 된다.

공항에서 출발한 트램은 어느덧 시내에 가까워지는데, 호텔로 가는 길을 아직 찾지 못했다. 가까이에 있는 여학생에게 급히 도움을 청했더니, 재빠르게 호텔 주소를 검색하고는 트램을 바꿔 타야 한다며 방향까지 알려 줬다.

스마트폰으로 그녀가 보여 준 지도를 찍으며, 1999년 빈에서 호텔을 찾지 못해 현지 택시 운전사에게 택시비를 주며 앞서게 하고 렌터카를 몰며 따라갔던 때가 생각났다. 세상이 좋아졌다. 다행히 취리히 중심가인 중앙역(Hauptbahnhof)에서 트램을 바꿔 타고 호텔에 도착했다.

스위스 초콜릿의 역사를 간직한 린트 박물관

오후 3시가 넘어 호텔에 도착했지만 시간 활용을 위해 린트 초콜릿 박물관(Lindt Home of Chocolate)에 가 보기로 했다. 짐을 방에 던져 놓고 프런트에 있는 직원에게 린트 박물관으로 가는 길을 물었더니 트램과 버스를 이용해 가는 방법을 자세히 알려 줬다. 입장권은 호텔에서도 구매가 가능하나, 시간이 늦어서인지 박물관에서 직접 표를 사라는 말을 덧붙였다.

저녁 6시에 관람이 끝나기 때문에 부지런히 움직여야 했다. 호텔 앞에서 트램을 타고 10여 분 정도 간 후 버스를 갈아타고 정류장 이름이 린트&스프륑글리(Lindt&Sprüngli)인 곳에서 하차했더니 바로 박물관 앞이다. 세련된 건물 외벽에는 'Home of Chocolate'

CHOCOLATE
TOUR
Lindt
HOME OF CHOCOLATE

이라고 쓰여 있었다.

린트 초콜릿 박물관은 코로나19가 한창 기승을 부리던 2020년 9월에 문을 열었다. 린트 초콜릿 재단(Lindt Chocolate Competence Foundation)이 재정의 많은 부분을 부담했으며, 린트사 공장이 있는 킬히베르크(Kilchberg)에 1,500m^2의 현대식 건물을 짓고 스위스 초콜릿 산업에 대한 많은 자료를 전시 중이다.

린트 초콜릿 재단은 훌륭한 초콜릿 제조 기술을 유지, 발전시킨 스위스의 초콜릿 장인들을 지원하고 그들의 신제품 개발을 독려할 뿐만 아니라, 산업과 연계해 젊은 전문가를 길러 내는 일에 많은 힘을 쏟고 있다.

특히 재단의 많은 사업 중에서도 초콜릿 생산과 유통에 관련된 첨단 기술이 대학 및 학술 기관의 협력하에 개발되고 있는 것은 눈여겨볼 만하다. 최고의 시계를 만드는 정밀 공업의 발전이 초콜릿 산업에도 적용되고 있는 것이다.

단체 관람객들이 많이 오는지 건물 밖에 만남의 장소가 마련돼 있었다. 비가 오락가락하는 평일 늦은 오후 시간임에도 관람객이 무척 많았으나, 동양인은 나 외에는 별로 보이지 않았다.

박물관 입장료는 15CHF(스위스프랑)이며, 1시간~1시간 30분 정도면 내부를 둘러볼 수 있다. 설명이 필요한 그림이나 전시물 앞에서 제공된 기기를 터치하는 상호 작용 멀티미디어를 활용해 카카오 재배부터 초콜릿 생산까지의 전 과정을 자세하게 보여 주고 있다.

투어는 린도르(Lindor) 초콜릿이 산처럼 쌓여 있는 방에 도착, 초콜릿 선물을 받는 것으로 끝난다. 나오는 길엔 린트의 모든 제품을 살 수 있는 대형 매장이 연결되어 있다. 그 옆에는 커피와 초콜릿을 함께 즐길 수 있는 카페도 있는데, 폐점 시간이 가까워 이용이 어려웠다. 매장도 닫힐세라 린트의 대표 제품인 70% 다크 판형 초콜릿과 초콜릿으로 만든 작은 티스푼을 사 가지고 서둘러 나왔다.

린트는 관광객이 많이 찾는 융프라우와 리기(Rigi)산 같은 산악 지역의 호텔이나 기념품점에 크고 작은 매장을 운영하고 있다. 특히 세계에서 가장 높은 곳에 있는 융프라우요흐(Jungfraujoch) 매장에서는 초콜릿을 만드는 쇼콜라티에 마네킹을 진열해 눈길을 끌고, 제조 체험도 가능하다. 린트사의 거의 모든 초콜릿을 판매하고 있어, 매장 이름처럼 '스위스 초콜릿의 천국(Swiss Chocolate Heaven)'을 경험할 수 있다.

융프라우요흐에 있는 린트 초콜릿 매장

명품 거리에서 발견한 명품 초콜릿

서머 타임을 실시하고 있는 유럽은 밤 10시쯤 돼야 어둠이 내려앉는다. 6시는 대낮이나 마찬가지니 숙소에 가기 전에 시간을 유용하게 보내리라.

취리히의 중심은 중앙역이다. 기차를 이용해 전국은 물론 유럽으로 이동이 가능한 탓에 역 주변은 늘 이용객으로 북적이지만, 치안 좋기로 소문난 취리히에서는 파리나 로마, 바르셀로나 등 다른 유럽의 주요 도시와는 달리 스마트폰을 손에 들고 다녀도 되고 늦은 밤까지 거리를 돌아다녀도 별로 문제가 없다.

중앙역을 향해 있는 중앙역 거리(Bahnhofstrasse)는 유럽에서도 알아주는 명품 쇼핑 거리답게 유명 럭셔리 패션 매장과 고가의 시계 매장이 넘쳐난다. 특이하다면 럭셔리 패션 매장의 외관이 너무나 평범해, 간판을 읽지 않는 한 잘 모르고 지나칠 수 있다는 것과 쇼윈도에 진열된 시계에 가격표가 붙어 있다는 것이다.

우리나라 돈으로 환산해 보다 펄쩍 뛸 만큼 높은 가격을 보고 있자니, 왜 가격표를 붙여 놓았는지 이해가 간다. 가격을 알고 매장에 들어오라는 뜻이겠지?

이런 고급 상점들 사이에서 초콜릿 가게를 발견하는 건 정말 재미있는 경험이다. 다음날 레더라 하우스(House of Läderach)에 갈 계획

리히 중심가의 노천카페

Läderach
chocolatier suisse

을 세우고 있었지만, 낯익은 레더라의 간판을 보자 너무 반가웠다. 역시 제조국의 품격이랄까. U자형의 시그니처 쇼케이스에는 프랄린과 트러플이 흐드러지게 쌓여 있고, 사각 트레이만큼 넓은 후레쉬 초콜릿도 겹겹이 쌓여 있다.

레더라의 미니무스

레더라는 시즌별로 전 세계 매장 구성을 통일시키고 있는데, 6월에는 미니 무스(Mini Mousse)가 주력 상품이었다. 그러나 무스를 둘러싸고 있는 초콜릿이 너무 얇다 보니, 항공 운송 시 파손될 가능성이 있어 국

내에는 들여오지 못하고 있다. 현지에서만 먹을 수 있다니! 초콜릿을 맛보러 20시간 비행길에 오른 여행자가 보람을 느낀 순간이었다.

반대편에는 알파벳을 흘려 써 처음에는 알아보지 못했던 스프륑글리 매장이 보였다. 스프륑글리는 취리히 시내 가까운 거리에 크고 작은 매장이 3개, 공항에 1개가 있다. 규모가 작은 매장은 초콜릿과 커피, 음료만 판매하고 있고, 규모가 큰 곳은 마카롱, 케이크, 샐러드, 샌드위치를 비롯해 노천에 마련된 좌석에서 와인, 맥주 등도 함께 먹을 수 있다.

건너편 매장 내부에 꽃이 가득한 가게가 보였다. 눈을 들어 어닝(awning)을 살펴보니 우리나라에도 들어와 있는 토이셔(Teuscher) 매장이었다. 알록달록한 꽃들 사이로 초콜릿이 가득 올려져 있는

은접시와 다양한 선물 세트가 오밀조밀 진열돼 있어 눈길을 끈다. 역시 6시에 문을 닫기 때문에 초콜릿을 맛보는 건 다음 날로 미뤘다.

신선한 재료와 장인 정신이 빚어낸 초콜릿의 걸작, 레더라

오늘은 스위스에 온 목적을 달성하는 날이다. 2010년 3월부터 2020년 3월까지 10년 넘게 스위스 레더라(Läderach Schweiz) 초콜릿을 수입, 판매하는 ㈜규리인터내셔날에 근무하면서 레더라 본사에

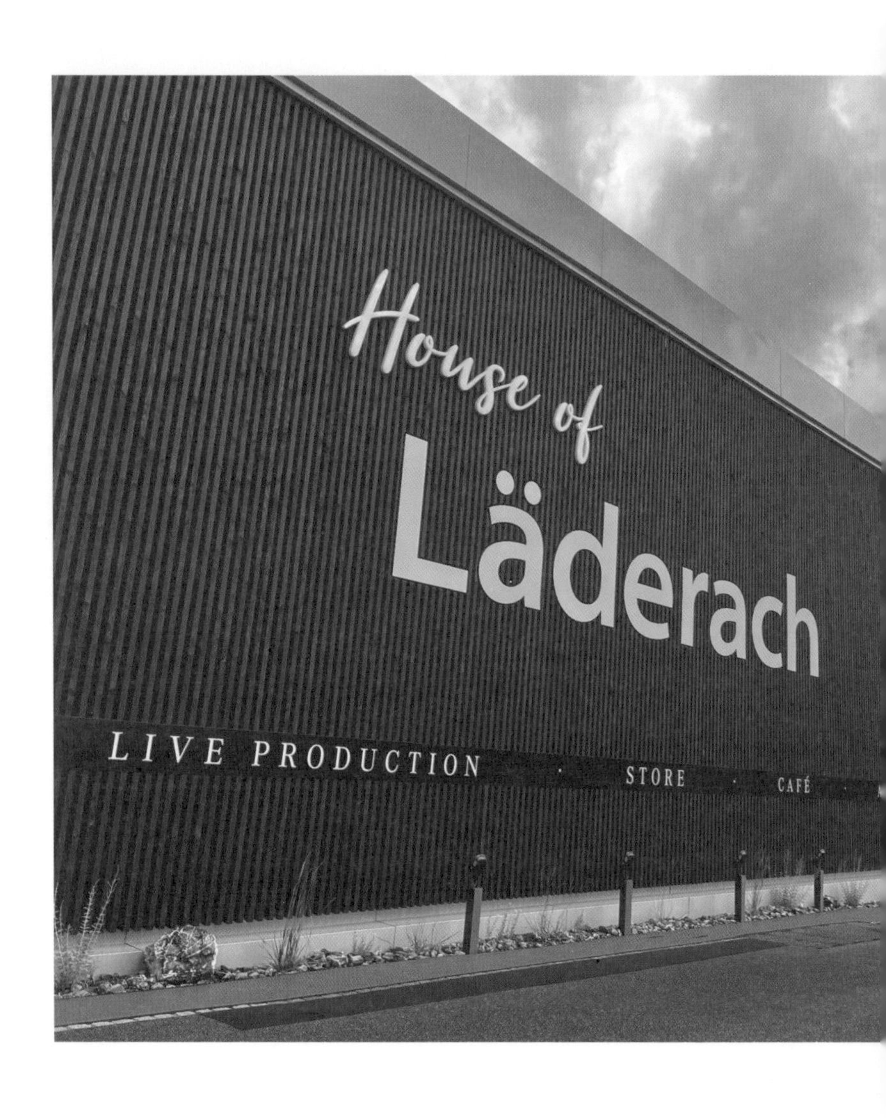
House of
Läderach
LIVE PRODUCTION
STORE
CAFÉ

꼭 한번 가 보고 싶었다. 그러나 직장 생활을 하면서 장기간의 유럽 여행을 한다는 건 쉽지 않은 일이라 차일피일 미룰 수밖에 없었고, 결국 직장을 은퇴한 후 실행에 옮기게 되었다.

레더라는 2020년 취리히에서 1시간쯤 운전해야 갈 수 있는 글라루스(Glarus) 주의 빌텐(Bilten)이라는 도시에 레더라 하우스를 개관했다. 이런 지방 도시에 레더라의 본사와 공장이 있고 박물관, 소비자 견학 센터, 세계에서 가장 큰 규모의 매장을 아우르는 레더라 하우스가 있다니 신기할 따름이다.

오전 10시쯤 도착했을 때 로비에는 생각보다 많은 관람객이 투어를 위해 기다리고 있었다. 입장료로 25CHF을 내야 하고, 투어가 끝나면 상상 이상의 규모에 압도당하는 매장에서 초콜릿도 사야 하니, 평균 이상으로 초콜릿을 좋아하는 사람들일 거라는 생각이 들었다.

빌텐 공장은 중남미와 아프리카의 파트너 농장에서 발효와 건조를 마친 카카오 빈을 가져와 초콜릿 리퀴드를 만드는 곳이다. 이곳에서 만들어진 리퀴드로 에넨다(Ennenda)에 있는 제작소에서 우리가 알고 있는 레더라의 초콜릿이 만들어진다.

카카오 열매의 수확부터 초콜릿 리퀴드를 만드는 전 과정을 가이드의 설명과 함께 살펴보는 투어는 영어와 독일어로 제공되는데, 독일어 신청자가 대부분이라 영어 가이드 투어는 미리 날짜를 확인하고 신청해야 한다.

나는 예약을 하지 못해, 8일 오후 1시에 영어 가이드 투어가 있다는 것만 확인하고는 무작정 일찍 왔다. 서비스 데스크의 직원은 혼자서 오후 1시까지 기다려야 하는 관람객을 다소 걱정하는 눈치였지만, 난 여유 있게 카페에서 식사도 하고 레더라 세계 최대 매장에서 선물도 사며 시간을 보내기로 했다.

레더라 카페에는 이른 시간이지만 커피와 초콜릿 디저트를 즐기는 사람들이 꽤 있었다. 오전 9시부터 영업을 하니까, 근처에 사는 주민들이 방문했을 법하다.

이곳에서는 디저트와 음료를 각각 주문해야 하지만, 음료가 제공되는 세트 메뉴도 준비돼 있다. 제대로 아침을 챙겨 먹지 못한 나는 29.50CHF짜리 브렉퍼스트 세트를 주문했다. 신선한 오렌지주스와 커피, 3종류의 빵, 스위스 치즈 2종류, 햄, 신선한 크랜베리와 라즈베리가 듬뿍 들어간 요구르트, 과일샐러드까지 정말

로비에 있는 '미니 무스' 홍보 조형물

푸짐한 상차림에 물가 비싼 스위스에서 이런 호사를 누려도 되나 싶었다.

식사를 하는데, 뒤에 있는 테이블에서 여러 사람의 목소리가 들렸다. 카페를 나오면서 흘깃 보니 레더라의 현 CEO 요하네스 레더라(Johannes Läderach)가 미팅 중이었다. 어떻게 레더라의 CEO를 아느냐고?

2018년 3대 CEO로 취임한 요하네스 레더라가 역시 새로 취임

한 젊은 마케팅 디렉터와 우리나라를 처음 방문했을 때, 마침 경희궁점에 근무하고 있어서 인사를 나눈 적이 있었다. 그는 장신의 훤칠한 외모를 지녀서 마치 영화배우처럼 보였다. 그때 '스위스 우유를 많이 먹어 키가 크냐'고 물었더니 '레더라 초콜릿을 많이 먹어 그렇다'는 우문현답을 했던 기억이 난다.

오후 1시가 다 되어서 로비에 투어 참가자들이 모였다. 대부분 영어를 사용하는 친구와 함께 온 스위스인들이었다. 1명의 가이드가 10~12명의 소수를 데리고 다니면서 영상을 활용하는 방식이라 산만하거나 시끄럽지 않아 좋았다.

가이드를 따라 들어가니, 2018년 월드 초콜릿 마스터스(World Chocolate Masters) 대회에 스위스 대표로 출전해 1등을 차지한 엘리아스 레더라(Elias Läderach)가 영상에 깜짝 출연, 참가자들에게 레더라 초콜릿을 맛보며 즐겁고 유익한 시간을 보내라고 당부했다.

'최고의 초콜릿은 최고의 카카오로부터 비롯된다(Wer die beste Schokolade herstellen will, muss sich zuerst nach dem besten Kakao umsehen.)'는 신념을 나타내듯, 투어는 레더라에 카카오를 공급하는 코스타리카 카카오 재배 농장을 보여 주는 것으로 시작됐다. 레더라는 코스타리카 외에도 브라질, 가나, 에콰도르, 마다가스카르, 트리니다드 지역에서 오랫동안 카카오를 재배하고 공급하는 파트너들과 협력 관계를 유지하면서 우수한 카카오 빈 확보에 주력해 왔다.

가이드는 원산지가 다른 카카오 빈으로 만든 그랑 크뤼 초콜릿을 1개씩 주면서 차이점을 느껴 보라고 했다. 한 조각에서는 과일 맛을 살짝 느낄 수 있었고 다른 조각에서는 곡식류의 고소함이 맴돌았다.

투어는 다시 카카오에서 초콜릿이 되는 과정을 살펴보는 것으로 이어졌다. 현지의 농장에서 수확, 발효, 건조 과정을 끝낸 카카오 빈은 품질과 크기를 살피는 검사를 거친 후 배에 실린다. 빌텐 공장으로 옮겨진 카카오 빈은 레더라 품질관리팀에 의해 다시 한 번 검사를 받고 깨끗하게 세척된다.

레더라에서는 적외선 드럼을 이용해 카카오 빈의 껍질을 제거한 후 부수어서 작은 조각, 즉 카카오 닙을 만들어 로스팅한다. 로스팅이 된 카카오 닙을 계속 잘게 갈면 카카오에 들어 있는 코코아 버터가 열에 의해 녹으면서 액체화되며 이것이 코코아 매스가 된다. 이 코코아 매스에 보통 설탕과 바닐라, 여분의 코코아 버터를 첨가하는데, 이 첨가량은 레더라뿐 아니라 모든 초콜릿 업체의 기밀이어서 정확히 알 수 없다.

이 혼합물을 계속해서 갈아내면 미세한 입자가 되고, 오랜 시간 동안 반복적인 힘으로 계속 짓이기며 내용물을 잘 섞는 콘칭 과정을 거쳐 부드럽고 균일한 질감의 초콜릿 리퀴드가 완성된다.

이렇게 완성된 다크·밀크·화이트 초콜릿이 물처럼 흘러내리는 초콜릿 분수 앞에서 투어 참가자들은 목에 걸고 있는 티스푼으로 초콜릿을 자유롭게 맛볼 수 있다.

레더라 규모의 초콜릿 생산업체는 이러한 과정에서 테크놀로지의 적극적인 도움을 받는다. 개인이 경영하는 빈 투 바 업체와는 비교할 수 없는 첨단 시스템을 갖추고 있는데, 정밀 산업이 발달한 나라답게 고도의 기술력을 자랑한다.

카카오에서 초콜릿이 되는 과정을 한눈에 보여 주는 일러스트

투어는 초콜릿에 들어가는 여러 재료와 레더라의 역사가 전시된 박물관을 살펴보는 것으로 끝났다. 박물관에는 엘리아스가 초콜릿 경연 대회에서 1등을 했던 작품이 전시돼 있어, 예술 작품의 재료로도 사용되는 초콜릿의 무한한 가능성을 보여 주고 있다.

레더라는 가장 최고의 맛은 '신선함'에 있다고 생각한다. 신선하고 맛있는 초콜릿을 만들기 위해 갓 수확한 열대 우림의 카카오와 알프스에 방목한 젖소에서 짜낸 우유를 사용하고, 이탈리아 북부 피에몬테(Piemonte) 지역의 헤이즐넛 등 최상의 재료를 가져와 엄격한 품질 기준에 따

레더라의 역사가 전시되어 있는 박물관

라 스위스에서 제품을 만든다.

레더라는 루돌프 레더라(Rudolf Läderach Jr.)가 1962년 스위스의 작은 주 글라루스에 레더라 당과점(Confiseur Läderach)을 설립하면서 본격적으로 시작됐다. 당시 그는 혁신의 아이콘으로서 맛과 질감을 개선한 초콜릿 트러플 셸 생산 프로세스를 개발하며 레더라의 초기 발전을 주도했다.

1994년 아들인 위르크(Jürg Läderach)가 대표직을 이어받았고, 2004년에는 스위스 최대 초콜릿 숍 체인 메르쿠어 콘피제린(Merkur

Confiserien)을 인수, 매장을 확보하면서 2008년 레더라 쇼콜라티에 스위스(Läderach chocolatier suisse)라는 자체 브랜드로 제품을 판매하기 시작했다. 이때부터 신선한 견과류가 가득 박힌 먹음직스러운 초콜릿을 매장에서 원하는 만큼 잘라 구매할 수 있는 후레쉬 초콜릿이 폭발적인 인기를 끌었다.

같은 해 취리히와 베른에 대형 매장을 개점하고 계속해서 스위스와 유럽 각 도시로 매장을 넓혀 나갔으며, 우리나라에서는 ㈜규리인터내셔날이 프랜차이즈 형태로 2009년 서울에 레더라 부티크를 처음 열었다.

2018년에는 2대 대표가 자신의 세 아들에게 레더라를 맡김으로써 성공적인 세대교체가 이루어졌다. 장남인 요하네스가 CEO를 맡고 차남인 엘리아스가 초콜릿 생산을 책임지며, 막내인 다비트(David Läderach)가 디지털 관련 부서를 총괄하는 등 업무 분담을 통해 급변하는 초콜릿 산업을 주도하는 선도적 기업이 되었다.

Läderach
chocolatier suisse
Your moments with

스위스 초콜릿의 전통을 이어 가는 스프륑글리

차창 밖으로 펼쳐지는 평화로운 풍경을 뒤로 하고 취리히로 돌아와, 첫날 폐점 시간이 지나 들어가지 못한 스프륑글리와 토이셔 매장에 들르기로 했다.

세계 최고의 초콜릿으로 명성을 떨치고 있는 스위스 초콜릿

카페 형태로 꾸며진 스프륑글리 매장

은 19세기 중반 창의적이고 혁신적인 개척자들의 열정과 노력으로 그 기틀이 마련되었다. 다비트 스프륑글리도 그들 중 하나로, 1836년에 자신의 이름을 딴 상표로 초콜릿을 만들어 판매하면서 사업을 넓혀 나갔고, 아들인 루돌프와 함께 파라데플라츠(Paradeplatz)에 대규모 매장을 개점했다.

파라데플라츠에 있는 스프륑글리 매장은 1859년 개점한 이래 지금까지 취리히의 역사와 문화를 간직하고 있다. 이곳은 훌륭한 초콜릿과 과자, 케이크를 판매하는 취리히의 명소가 되었고, 스위스의 저명인사들이 매장의 단골이었다. 특히 『알프스의 소녀(Heidi)』의 저자인 요하나 슈퓌리(Johanna Spyri)는 여기에서 원고를 썼다고 전해진다.

초콜릿 명가로 가문의 이름을 드높인 루돌프는 1892년 자신의 두 아들에게 회사를 나눠 주었다. 요한 루돌프(Johann Rudolf Sprüngli)에게는 린트사와 합작으로 설립된 린트&스프륑글리의 경영권을 맡

겼고, 다비트 로베르트(David Robert Sprüngli)에게는 콘피제리 스프륑글리(Confiserie Sprüngli)를 물려줬다.

이후 두 회사는 독자적인 행보를 보이면서 린트&스프륑글리는 기계 장치를 이용해 대량 생산하는 양산 초콜릿을, 콘피제리 스프륑글리는 수제 초콜릿의 전통을 잇는 고급 초콜릿을 만들고 있다.

스프륑글리(콘피제리 스프륑글리)는 다크·밀크·화이트 초콜릿에 신선한 견과류와 과일류로 속을 채우거나, 표면에 견과류를 입혀 달콤하면서도 산뜻한 맛이 일품인 스위스 초콜릿의 전통을 충실하게 구현하며 여전히 명성을 떨치고 있다.

1994년 한층 젊어진 경영진은 유서 깊은 파라데플라츠 건물을 리노베이션하고 본사와 함께 레스토랑, 카페, 바를 새롭게 열었다. 2012년에는 베른역, 제네바 공항, 취리히 공항에 대형 카페·라운지 매장을 오픈했다.

꽃 장식 속에서도 돋보이는 토이셔의 초콜릿

취리히 시내 반호프 거리에는 알록달록한 꽃들로 쇼윈도를 장식한 또 다른 수제 초콜릿 부티크가 있다. 우리나라에도 삼성역 인

근 별마당 도서관 1층에 매장이 있는 토이셔이다. 초콜릿과 디스플레이용 꽃들이 조금은 복잡하게 섞여 있지만 은쟁반에 정갈하게 초콜릿을 담아 쇼윈도에 진열, 행인들의 발걸음을 이끈다.

토이셔는 1932년 알프스의 작은 마을에서 아돌프 토이셔(Adolf Teuscher)에 의해 세워졌고 현재는 아들인 토이셔 2세(Adolf Teuscher Jr.)가 전통의 레시피를 이어받아 초콜릿을 만들고 있다.

『뉴욕 타임스(The New York Times)』와 『내셔널 지오그래픽(National Geographic)』으로부터 '1등 초콜릿'으로 평가받기도 한 토이셔의 초콜

릿은 샴페인, 와인, 베일리스(baileys) 등 리큐르가 들어간 트러프(트러플)가 유명한데, 그 중에서도 샴페인 트러프(Champagne Truffe)가 베스트셀러로 사랑받고 있다.

토이셔는 세계 각국에 총 25개 매장이 있으며, 미국에 9개, 캐나다 토론토에 1개의 매장이 있어 북미 대륙에서 인기가 높음을 알 수 있다.

취리히 매장은 유럽에서도 알아주는 명품 거리에 있지만, 스위스 시골 마을의 정취를 보여 주는 듯 소박한 내부가 인상적이었다. 초콜릿을 추천해 달라고 했더니 역시 제일 많이 판매된다며 샴페인 트러프를 추천해 준다.

우리나라에서는 알코올 성분이 들어간 초콜릿을 수입하고 판매하는 곳이 많지 않아, 리큐르 필링을 찾는 초콜릿 애호가들에게 토이셔 초콜릿은 특별한 곳임에 틀림없다.

취리히에서 만난 루체른의 보석, 막스 쇼콜라티에

구시가지를 대표하는 관광지인 린덴호프(Lindenhof) 주변에는 그로스뮌슈터(Grossmünster)와 프라우뮌슈터(Fraumünster), 성 피터 교회(St. Peter)

등 취리히의 명소들이 몰려 있다.

성 피터 교회 근처에서 막스 쇼콜라티에(Max Chocolatier)를 만난 건 길 위에 놓여 있는 소박한 안내판 때문이었다. '자연에서 가져온, 맞춤 제조가 가능한, 스위스의 수제 초콜릿(Natural, Bespoke, Swiss, Handmade)'을 보고 들어간 가게 안은 작은 편이지만 수제 초콜릿 전문점으로서 강한 자부심이 느껴졌다.

막스 쇼콜라티에는 2009년 스위스의 심장이라고 일컬어지는 호수의 도시 루체른에 첫 매장을 열었고 이곳 취리히점이 두 번째 매장이다. 대를 잇는 초콜릿 가문이 유독 많은 스위스의 초콜릿 역사에 쾨니히(König) 가문이 도전장을 냈고, 이 도전은 신선하고도 놀라운 결과를 가져왔다.

스위스 국민은 1년에 인당 11~12kg의 초콜릿을 소비하는, 손꼽히는 초콜릿 애호가들로 알려져 있다. 1년 생산량의 1/3을 자국에서 소비하는 스위스인들은 초콜릿에 대한 미각도 남다를 수밖에 없는데, 막스 쇼콜라티에의 창업주인 파트리크(Patrik König)도 그중 한 사람이다.

은행가이면서 시계 판매업에 종사하던 파트리크는 세계를 무대로 사업을 하며 바르셀로나, 파리, 브루클린, 도쿄 등 여러 도시의 훌륭한 초콜릿을 맛보았고, 모든 초콜릿 제작 공정을 직접 손으로 하는 말 그대로 '수제' 초콜릿을 만들고 싶은 열망에 휩싸이게

되었다.

루체른에 있는 자신의 시계 매장 옆 가게를 운 좋게 인수해 아틀리에(공방)를 차렸고, 월드 초콜릿 마스터스 대회에 2위로 입상한 젊은 쇼콜라티에를 영입해 함께 레시피 개발에 주력했다.

드디어 루체른뿐 아니라 스위스, 나아가 세계를 매혹시킬 초콜릿 레시피를 완성한 파트리크는 2009년 9월 다운증후군을 앓고 있는 아들 막스의 이름을 딴 매장을 개점, 루체른 시민들로부터 초콜릿으로 스위스를 정복했다는 열광적인 지지를 얻으며 발전을 거듭하고 있다.

막스 쇼콜라티에에는 스위스의 커버처 초콜릿 제조사인 펠클린과 돈독한 관계를 유지하면서 그랑 크뤼 라인의 원료를 제공받고 있다. 펠클린도 스위스 초콜릿 산업을 이끄는 혁신과 열정의 기업으로, 이 두 회사의 협력 관계는 좋은 재료로 최고의 초콜릿을 만들려는 스위스 초콜릿 업계의 끊임없는 노력을 보여 준다.

막스 쇼콜라티에에는 다른 초콜릿 브랜드에서는 볼 수 없는 '초콜릿 구독 서비스'를 제공해 눈길을 끌고 있다. 창업주의 아내가 오래된 담배 상자에서 영감을 받아 제작한 초코도어(Chocodor)는 호두나무로 만든 고급스러운 초콜릿 보관함으로, 개인의 취향을 반영해 주문 제작이 가능하다.

여기에 초콜릿을 넣어 두고 꺼내 먹도록 초콜릿을 정기적으로 보내 주는 것인데, 그랑 크뤼 바 초콜릿 6개월 구독 가격이 100CHF 미만으로 가장 저렴하며, 가장 비싼 것은 1년에 1,000CHF 가까이 되는 등 다양한 가격대로 구성되어 있다.

벨기에 브뤼셀

초콜릿을 찾아 유럽의 중심으로

스위스에서 일정을 마치고 파리행 비행기에 올랐다. 오랜만에, 아주 힘들게 도착한 유럽 대륙에서 스위스 초콜릿만 맛보고 갈 수는 없다. 브뤼셀과 파리가 그다지 멀지 않아 파리에 짐을 풀고, 기차로 브뤼셀에 가서 벨기에 초콜릿을 맛보고 다시 파리로 오려고 계획을 짰다.

샤를드골 공항(Aéroport de Paris-Charles-de-Gaulle)은 파리 외곽에 있는 유럽 항공의 중심지로, 어마어마한 넓이와 복잡한 터미널로 인해 악명이 높다. 런던에 살 때는 유로스타(Eurostar)를 타거나 도버(Dover) 해협을 건너는 페리에 자동차를 싣고 파리에 갔기 때문에, 처음으로 샤를드골 공항에 내리게 되었다.

드골 공항에 내려서 아무 입국 심사도 없이 밖으로 나왔다. 내가 나가는 곳을 잘못 찾았나? 이렇게 그냥 나가도 되는 건가? 한국에서 프랑스 입국에 필요한 정보를 EU 승객위치확인서(PLF, Passenger Locator Form) 사이트에 올리고 QR코드를 받았는데, 스위스 출발 비행기를 탄 나는 솅겐(Schengen) 조약으로 인해 스마트폰을 열 필요조차 없었다. 사이트에 정보를 올리느라 허비한 시간과 노력을 생각하니 허탈했다.

파리의 밤을 밝히는 오페라 가르니에(Opéra Garnier)의 야경

오랜 역사를 자랑하는 파리 북역

파리는 유럽의 중심 도시답게 치안이 썩 좋지는 않다. 특히 10대 청소년들이 소매치기를 많이 하고 눈 깜짝할 사이에 스마트폰을 가져간다고 해서 걱정이 태산이었다.

그래서 치안이 좋지 않기로 소문난 파리 북역(Gare du Nord) 근처에 호텔을 정한 것이 잘한 일인지 걱정도 되었으나, 기차를 이용해 벨기에에 다녀와야 하니 최고의 선택이라는 생각도 들었다.

다음날 브뤼셀행 고속 열차를 타기 위해 부지런히 호텔을 나섰다. 숙박비가 비싸 조식을 포함하지 않은 것이 '신의 한 수'였다. 북역 건너편 쪽에서 경찰 2명이 줄을 서 있는 작은 카페를 발견했다. 현지 경찰이 줄까지 서서 사 먹는 집이라면 동네의 맛집이지 않을까?

아몬드 크루아상과 커피를 주문하고 카페 밖에 테이블이 두어 개 놓여 있기에 자리를 잡았다. 파리는 크루아상의 도시임에 틀림이 없다. 부드러우면서도 결이 살아 있는 이 맛있는 크루아상이 스위스의 1/2 가격이다.

그러나 자동머신으로 내려 준 커피는 실망스러웠다. 자동머신 때문이 아니라 좋은 원두를 쓰지 않아서겠지만, 우리나라 커피보다 맛이 없다. 결국 북역에서 발견한 반가운 스타벅스에서 다시 따듯한 아메리카노를 한 잔 사 들고 열차에 올랐다.

초콜릿의 천국, 브뤼셀

벨기에는 네덜란드, 룩셈부르크와 함께 베네룩스 3국으로 알려진 작은 나라이다. 1830년 네덜란드로부터 독립한 후 국토의 100배가 넘는 콩고를 강압적으로 통치하면서 부를 축적하고, 영국에 이어 두 번째로 산업화에 성공하면서 경제 선진국으로 도약했다.

1, 2차 세계대전에서 독일군의 공격으로 전 국토가 쑥대밭이 되면서 많은 어려움을 겪었으나, 무역과 제조업, 금융업, 관광업의 발달로 경제 성장을 이룩한 유럽 경제의 중심지이다. 특히 수도인 브뤼셀은 EU의 여러 기관이 몰려 있어 유럽의 수도로 불린다.

벨기에는 여러 산업이 발전한 나라임에도 불구하고 우리에게는 맥주와 초콜릿 그리고 와플의 나라로 알려져 있다. 특히 초콜릿은 벨기에를 대표하는 상품이다.

브뤼셀이 작은 도시라고 오판한 나는 걸어서 충분히 시내를 둘러볼 수 있다고 생각했다. 일단 유명 관광지에 가면 주변에 초콜릿 전문점이 많을 것으로 생각했고, 어느 정도 옳았던 선택이었다.

초콜릿 전문점을 많이 볼 수 있는 사블롱 지역

생트카트린 교회(Église Sainte-Catherine) 앞 광장의 노천카페

미디역(Gare de Bruxelles-Midi)에서 오줌싸개 동상(Manneken Pis)이 있는 곳까지는 그리 멀지 않았다. 가는 길에 사람들로 북적이는 대규모 노천시장이 있었는데, 수북하게 쌓인 신선한 채소와 맛있는 과일

사이로 딸기의 달콤한 향기가 코를 찔렀다. 여행의 재미 중 하나가 현지의 재래시장을 다녀 보는 것이다. 사람 사는 건 어디나 비슷한지, 시장에 가면 생동감 넘치는 삶의 현장을 볼 수 있다.

가 보면 실망한다는 허무 관광지 세 곳 중 하나인 오줌싸개 동상은 사람들이 모여 있지 않았으면 정말 지나칠 뻔했다. 별로 기대하지 않았기에 그다지 실망스럽지도 않다. 동상에 앙증맞은 티셔츠와 바지를 입혀 놓았기에 그나마 웃음이 나왔다.

유명 관광지이다 보니 주변에 생각대로 초콜릿 전문점이 즐비했다. 관광객을 위해 초콜릿 세트와 와플 세트, 잼 선물 세트, 캔디 세트까지 다양하게 갖춰 놓은 양판점부터 유명 브랜드의 매장들, 개인 쇼콜라티에의 부티크까지 면면도 다양하다.

근처에는 브뤼셀 초콜릿 박물관이 있었는데, 이미 스위스에서 두 곳의 박물관을 다녀왔음에도 그냥 지나칠 수는 없었다. 내부에는 마야인들의 삶 속에서 큰 역할을 했던 카카오의 이모저모가 소개돼 있고, 18~19세기 유럽에서 즐기던 '마시는 초콜릿'을 위한

주전자와 찻잔이 다양하게 전시돼 있었다. 상류층의 전유물이었던 만큼 도자기 세트가 화려하기 그지없다.

박물관에서는 1개의 프랄린이 되기 위해 무려 27개의 과정을 거쳐야 함을 도표로 보여 주고 있었다. 우리가 먹는 한 알의 프랄린은 종사자들의 땀과 노력으로 만들어진 것임을 새삼 느낀다. 수제 초콜릿 제조 과정을 잘 모르는 관람객들을 위해 몰드 초콜릿을 만드는 시연도 하고 있다. 벨기에의 초콜릿 산업은 관광 산업과 연계해 시너지 효과를 내고 있음이 분명하다.

Chocolate Museum
EXIT
ENTRANCE
Please Wait
here

벨기에 초콜릿의 명성을 이어 가는 레오니다스

박물관을 둘러보고 나와 거리를 조금 걷다 보니 산뜻한 로열 블루 바탕에 크림색으로 레오니다스(Leonidas)라고 쓰여 있는 매장이 보인다.

내년이면 설립 110년이 되는 벨기에의 대표적인 초콜릿 브랜드 레오니다스는 브뤼셀 시내 곳곳에 매장을 운영하고 있다. 이곳은 꽤 넓은 매장 중앙에 초콜릿이 가득 쌓인 진열대를 길게 배치해 놓고, 큼직한 크기의 프랄린과 다크·밀크·화이트 초콜릿으로 만든 망디앙을 비롯해 다양한 제품을 푸짐하게 쌓아 놓았다. 보기만 해도 절로 미소가 지어진다.

레오니다스는 '행복한 순간을 위해 품질 좋은 초콜릿을 적정한 가격에 판매한다(vous achetez des chocolats d'excellente qualité à prix abordable, pour offrir un moment de bonheur.)'는 설립 취지를 100년 넘게 이어 오고 있다. 가난한 그리스계 이민자였던 레오니다스(Leonidas Kestekides)는 어렸을 때부

터 달콤한 과자류를 만들어 팔기도 했으며, 젊은 시절에는 미국에 건너가 제과점을 차리기도 했다.

미국살이를 끝내고 귀국한 후에는, 1910년에 열린 브뤼셀 세계박람회(Exposition universelle et internationale de Bruxelles)에서 자신이 만든 과자와 페이스트리로 동메달을 따게 되면서 초콜릿 제조와 판매에 전념할 것을 결심한다.

1918년 제1차 세계대전이 일어나 전국이 독일군의 침공으로 쑥대밭이 되었을 때에도 사업을 확장했고, 1922년에는 평생의 동업자이며 조카인 바실리오(Basilio Kestekides)가 합류해 브뤼셀에 매장을 열었다. 1937년에는 스파르타의 왕, 레오니다스 1세의 모습을 담

은 상표를 등록했다.

바실리오는 창업주 레오니다스의 뒤를 이어 1948년 대표로 취임, 제작소를 확장하고 전 세계로 매장을 넓히는 등 발전을 주도하며 모든 사람이 초콜릿을 먹을 수 있는 적정 가격을 유지한다는 설립 취지를 이어 나갔다. 레오니다스 초콜릿은 1983년까지 빵과 우유 같은 생필품으로 간주돼 벨기에 정부로부터 가격 상한선이 정해질 정도였다.

2013년에는 벨기에 초콜릿 산업에 기여한 공로를 인정받아 벨기에 왕실 납품업체(Fournisseur Brevetés de la Cour de Belgique)로 선정되었다.

벨기에 프랄린의 탄생, 노이하우스

브뤼셀에는 한 집 건너 한 집이 초콜릿 전문점일 정도로 그 수가 많다. 근처에 노이하우스(Neuhaus)의 간판이 보였다. 매장에 들어서니 창업주 노이하우스(Jean Neuhaus)의 손자이며 '벨기에 프랄린의 발명자'인 장 노이하우스 2세(Jean Neuhaus Jr.)의 모습이 벽면을 장식하고 있다.

약사였던 노이하우스는 1857년 쓴 약에 얇은 초콜릿을 입혀 팔기 시작했고, 손자가 이것을 발전시켜 1912년 여러 가지 속 재료에 초콜릿을 입힌 지금의 프랄린을 개발했다.

그의 아내는 남편이 프랄린을 만들자 초콜릿을 넣어 주는 상자인 발로탱(ballotin)을 고안해 판매를 도왔다. 다양한 크기의 상자에 원하는 무게만큼 프랄린을 담아서 판매하는데, 요즘에도 많은 초콜릿 전문점에서 이 상자를 사용하고 있다.

나도 작은 발로탱에 프랄린을 담아 사기로 했다. 일일이 필링을 물어보며 골랐는데, 생각보다 꽤 많은 프랄린이 들어가는 바람에 시간이 오래 걸렸다. 응대하는 여직원이 무척 친절했고 예쁘게 리본까지 묶어 주는 바람에 미안할 정도였다. 발로탱은 마음대로 골라서 살 수 있는 장점은 있으나, 장시간 들고 다니면 프랄린끼리 서로 부딪쳐 파손이 될 수도 있다. 미리 구성해 놓은 세트를 구매하는 것이 선물용으로는 좋겠다.

이곳의 프랄린은 대부분 노이하우스의 발전을 위해 노력한 가족의 이름을 따거나 왕자의 결혼, 왕의 즉위식 등 왕실의 중요 행사를 기념해 이름이 붙여졌다. 165년의 역사를 자랑하는 브랜드답게 벨기에 왕실이 신뢰의 표시로 로열 워런트 홀더(Fournisseur Breveté de la Cour de Belgique)를 수여했다.

노이하우스는 지속 가능한 카카오 재배를 위해 에콰도르 과야킬(Guayaquil) 지역에 자체 카카오 농장을 운영, 카카오 재배 농가와 협력하고 있으며, 천연 성분의 재료를 이용해 모든 제품을 벨기에에서 생산한다.

순수한 원료로 만든 순수한 초콜릿, 아틀리에 생트 카트린

정해진 일정 안에 브뤼셀의 많고 많은 초콜릿 전문점을 어떻게 다 찾아다닐 수 있겠는가? 선택과 집중이 필요했다. 잠시 거리에서 고민에 빠진 내게 우리말이 들려왔다. "길을 잃어버리셨어요?"

파리에서 공부 중이라 브뤼셀에 종종 온다는 한 남학생이 자기가 좋아하는 가게를 나에게 추천했는데, 다행히 멀지 않은 곳에 있었다. 내가 들어간 곳은 아틀리에 생트 카트린(Atelier Sainte Catherine)이라는 초콜릿 브랜드의 사블롱(Sablon) 지역에 있는 매장으로, 그냥 아틀리에라고 부르기도 한다.

왜 지역 이름이 상호가 됐는지 궁금했다. 이곳에 있던 공방(아틀리에)의 로스터 겸 쇼콜라티에였던 프레데릭(Frederic Blondeel)이 2013년

ATELIER
Sainte Catherine
Pur Chocolat d'Origine
ADT

MINI
TABLETTE
Trinidad
Noir
74 %
Variété de Fèves
" I.C S."
Atelier Sainte Catherine

자신의 브랜드를 론칭하자, 남아 있던 사람들이 그동안의 경험과 노하우를 이용해 새로운 브랜드를 시작했다고 한다.

'순수한 원료로 만든 순수한 초콜릿(Pur Chocolat d'Origine)'이라는 브랜드 콘셉트에서 알 수 있듯이 아틀리에는 카카오 원료에 각별한 애정을 쏟으며, 카카오 빈 본연의 맛과 향을 잘 간직한 초콜릿을 만들고 있다.

아틀리에에서는 브라질, 에콰도르, 베네수엘라, 트리니다드는 물론 카메룬, 쿠바, 멕시코, 베트남까지 세계 여러 지역에서 생산하는 카카오 빈으로 코코아 함량 70~85%의 다크, 50% 내외의 밀크 초콜릿을 만들며, 여간해서는 보기 힘든 코코아 함량 100%짜리도 생산하고 있다.

또 원하는 만큼 잘라서 판매하는 브레이크업 초콜릿과 망디앙, 오랑제트 등의 과일 함유 초콜릿, 다채로운 색감의 프랄린까지 없는 게 없다. 여기는 초콜릿만 판매하고 생트 카트린에 있는 다른 두 매장에서는 초콜릿 외에도 와플, 아이스크림, 쿠키, 타르트 등 벨기에의 전통적인 디저트에 현대적 감성을 담은 다양한 메뉴가 준비돼 있다.

초콜릿의 트렌드를 이끄는 피에르 마르콜리니

요즘 브뤼셀에서 가장 많은 매장을 보유하고 있는 쇼콜라티에는 피에르 마르콜리니(Pierre Marcolini)이다. 전 세계에 41개의 매장이 있는데, 브뤼셀에서만 11개의 매장을 운영하고 있다.

브뤼셀 곳곳에서 이번 시즌의 상징인 노랗고 빨간 원색 모자로 장식된 마르콜리니의 매장을 만날 수 있었다. 특히 사블롱 매장은 코너에 있는 건물 외벽 전체를 모자로 화려하게 장식해 멀리서도 눈에 띄는 핫 스폿이다.

마르콜리니는 이탈리아계 벨기에인으로 10대 중반에 이미 자신의 인생을 초콜릿에 바치기로 결심했고, 1995년 월드 페이스트리

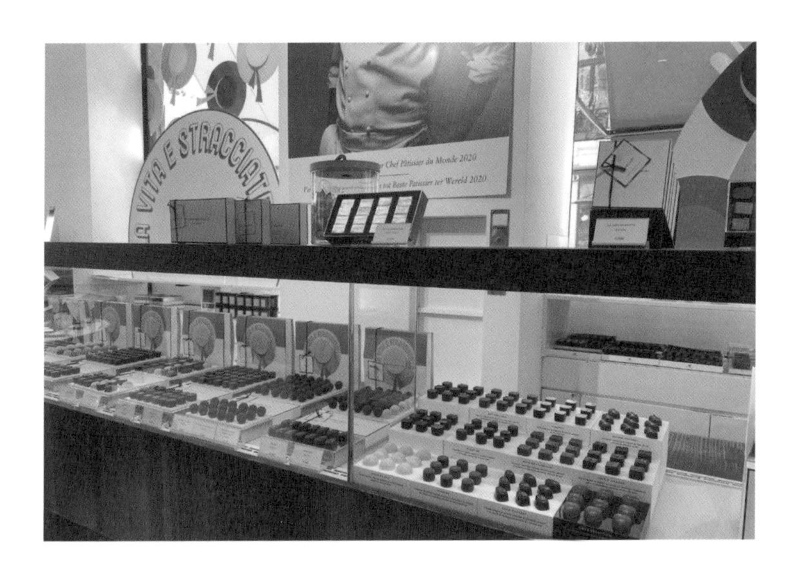

챔피언(Champion du Monde de Pâtisserie) 타이틀을 획득한 후 자신의 브랜드를 설립했다.

그는 혁신적이며 시대를 앞서가는 개척자, 유행을 선도하는 쇼콜라티에로 평가받으면서 맛과 모양새가 모두 훌륭한 초콜릿을 만들어 왔다. 최고의 품질뿐 아니라 환경을 생각하며, 카카오 빈부터 직접 선별해 제품의 완성까지 전 과정을 완벽하게 해내고 있다.

마르콜리니의 2022년 여름 주력 상품은 초콜릿 셸에 가나슈를 채우거나 가나슈를 초콜릿에 디핑하는 일반적인 프랄린 제조 방식이 아니라, 셸을 없애고 웨이퍼(wafer) 위에 가나슈와 초콜릿, 과일

Home made ice cream
PIERRE MARCOLINI
PIERRE MARCOLINI
BRUSSELS
PIERRE MARCOLINI
BRUSSELS

을 층층이 겹쳐 올리고 정사각형으로 자른 '라 비타 에 스트라차텔라!(La Vita è Stracciatella!)' 초콜릿이다.

눈을 번쩍 뜨이게 만드는 알록달록한 색깔은 레몬, 유자, 패션 프루트 등 100% 과일에서 가져왔다. 햇살에 눈이 부신 해변에서 휴가를 즐기며 한 입 깨물고 싶은, 아니 보고 있기만 해도 삶이 달콤해지는 마법의 초콜릿이다.

벨기에 초콜릿의 새로운 기준, 판 덴더르

벨기에 초콜릿의 '현재'를 이끌고 있는 헤르만 판 덴더르(Herman van Dender)의 매장은 관광객들이 많이 다니는 시내 중심가에서 한참 떨어져 있어, 장소에 구애받지 않고 초콜릿으로 승부를 보겠다는 쇼콜라티에의 자신감이 느껴졌다.

많은 톱클래스 쇼콜라티에들이 페이스트리 분야에서 먼저 두각을 나타냈던 것처럼, 판 덴더르도 1995년 월드 페이스트리 컵(Coupe du Monde de la Pâtisserie)에서 금메달을 따며 실력을 인정받았다.

최고의 초콜릿을 만들고자 했던 그는 2013년 아내와 코트디부

VAN DENDER
PATISSIER
VAN DEND
GLACIER
416

아르에 있는 카카오 농장을 방문, 카카오를 공급받기로 함으로써 자신의 꿈을 실현시킬 준비를 마쳤다. 2014년에는 초콜릿 제작소를 오픈해, 원료 선별부터 바 초콜릿과 프랄린 제작까지 모든 과정을 직접 챙기며 완벽한 초콜릿을 만들기 위해 노력하고 있다.

브라질, 그레나다, 콜롬비아, 에콰도르, 마다가스카르 등 다양한 지역의 싱글 오리진(단일 원산지) 초콜릿으로 구성된 태블릿은 각기 다른 맛과 향을 즐기려는 애호가들을 행복한 고민에 빠지게 한다. 무게 대비 가격이 저렴한 초콜릿 드롭(Chocolate Drop)은 작은 동전 크기의 초콜릿으로, 고급 초콜릿용 커버처가 아니라 베이킹이나 음식의 재료로 사용되고 있는 듯하다.

칼라만시, 패션 프루트 등 다양한 열대 과일을 이용한 다채로운 색감의 돔형 프랄린도 눈길을 끌지만, 멕시코, 베네수엘라 등 중남미 지역의 싱글 오리진 카카오로 만든 다크 프랄린은 판 덴더르의 자랑이다.

한국 드라마를 즐겨 보며 우리나라로 3주 동

안 여행을 와본 적이 있다는 앳된 모습의 여직원이 서투른 우리말로 반가움을 표현하기에 왠지 모르게 뿌듯했다. 유럽에서 K-컬처의 힘을 느낀 순간이었다.

판 덴더르는 『미슐랭 가이드(Guide Michelin)』와 더불어 권위 있는 레스토랑 가이드로 알려진 『고 에 미요(Gault et Millau)』에서 '2023년 브뤼셀 최고의 쇼콜라티에(Meilleur chocolatier de Bruxelles 2023)'로 선정되었다. 2023년도에 브뤼셀을 방문하는 사람이라면 판 덴더르의 초콜릿 전문점에 꼭 한번 들르라는 추천을 받은 것이다. 남들보다 1년 먼저 들른 셈이니, 멀리 브뤼셀까지 찾아간 보람을 느낀다.

프랑스 파리

여전히 멋진 도시, 파리

옛 추억을 더듬으며 찾아간 개선문(Arc de triomphe de l'Étoile)과 샹젤리제(Champs-Élysées) 거리는 청명한 하늘과 이제 막 시작된 여름을 즐기려는 사람들로 넘쳐났다.

개선문은 에펠탑(Tour Eiffel)과 함께 파리를 상징하는 건축물이다. 프랑스군의 승리와 영광을 기념하기 위해 나폴레옹 1세(Napoléon Ier)의 명령으로 세워졌고, 그 앞에는 두 번의 세계대전 당시 프랑스를 지키다가 숨진 군인들을 위한 '꺼지지 않는 불꽃(Flamme éternelle)'이

타오르고 있다. 거리를 오가는 시민들과 관광객들이 지금의 프랑스를 있게 한 이들의 값진 희생을 잊지 않도록 파리 중심부에 이런 장소를 마련했으리라.

개선문과 가까운 샹젤리제 거리는 시내 중심가답게 백화점이나 쇼핑몰, 럭셔리 패션 매장, 음식점과 카페가 즐비하다. 코로나19로 힘든 시간을 보내던 사람들이 마스크를 벗어 던지고 자유와 해방감을 만끽하는 듯 여기저기서 웃음소리가 들린다. 밝은 얼굴로 가족과 친구와 함께 거리를 걷는 사람들 사이에서 나도 파리의 감성에 젖었다. 20년여 만에 다시 와본 파리는 여전히 아름다웠다.

샹젤리제 거리에는 프랑스를 대표하는 초콜릿 전문점도 여러 곳 있다. 특히 133번지 퓌블리시스 드러그스토어(Publicis Drugstore)에는 뷰티 아이템뿐 아니라 관광객을 위한 작은 규모의 라 메종 뒤 쇼

상젤리제 거리 풍경

콜라(La Maison du Chocolat)와 피에르 에르메(Pierre Hermé) 매장이 있어 일단 들러 보았다.

라 메종 뒤 쇼콜라는 벽면에 있는 쇼케이스에 대표적인 세트만을 진열, 판매하는 작은 매장이었는데, 그나마 일요일 오후 늦은 시간이라 영업은 이미 끝난 상태였다.

프랑스를 대표하는 라 메종 뒤 쇼콜라

라 메종 뒤 쇼콜라는 '가나슈의 마법사(sorcier de la ganache)'라고 불리는 로베르 랭스(Robert Linxe)에 의해 1977년 설립됐다. 2007년 프랑스의 음식 문화 발전에 기여한 공로로 레지옹 도뇌르 슈발리에(Chevalier de la Légion d'Honneur) 훈장을 받은 랭스는 창조적이며 획기적인 초콜릿 레시피를 개발, 후세의 쇼콜라티에들에게 많은 영향을 끼쳤다.

설탕과 크림을 많이 쓰지 않고도 깊은 맛과 향을 간직한 초콜릿을 만든 설립자의 뒤를 이어, 파리 외곽 낭테르(Nanterre)에 위치한 제작소에서는 니콜라 클루아조(Nicolas Cloiseau)가 이끄는 쇼콜라티에들이 여전히 완벽한 초콜릿을 만들고 있다.

AISON DU CHOCOLAT
PARIS
Naturellement fruit
VEGAN

니콜라 클루아조는 프랑스의 국가공인명장(MOF, Meilleur Ouvrier de France)으로 매년 200개 이상의 레시피 테스트를 거쳐 독특하고 차별화된 맛을 찾아내며, 정확하고 세밀한 작업으로 초콜릿을 완성한다.

샹젤리제 거리의 드러그스토어에서 초콜릿을 구매하지 못해 다음날 마들렌(Madeleine)에 있는 매장에 들렀다. 프랑스 초콜릿의 진수를 보여 주는 디핑 초콜릿 외에도 마카롱, 에클레르(éclair), 케이크 등 각종 디저트와 견과류가 푸짐하게 박힌 바크 초콜릿이 쇼케이스를 가득 차지하고 있어 눈길을 끌었다.

작은 선물 세트와 마카롱을 구매하니 직원이 시식용 초콜릿을 건넸다. 모양은 평범한 사각형이지만, 원료의 농밀함이 살아 있는 비범한 가나슈 초콜릿에 감탄할 수밖에 없었다.

라 메종 뒤 쇼콜라 드골 공항 매장

라 메종 뒤 쇼콜라의 드골 공항 매장은 럭셔리의 끝판왕 에르메스(Hermès) 매장 옆에 있다. 에르메스 옆에서도 기죽지 않는 '초콜릿계의 에르메스'는 프랑스 명품 브랜드 위원회인 코미테 콜베르(Comité Colbert)의 식품 부문에 당당히 가입되어 있다.

프랑스 빈 투 바 선두 주자, 알랭 뒤카스의 르 쇼콜라

크리스마스 즈음해서 왔던 샹젤리제 거리는 나뭇잎 떨어진 가로수에 전등을 달아 로맨틱함이 차고 넘쳤다. 지금이야 동네 가게 앞 나무에도 전등을 다는 시대지만, 20세기 말에 접했던 반짝이는 나무는 동화 속 꿈의 정원이었다.

활기가 넘치는 초여름 샹젤리제 거리에서는 커버 댄스를 추는 프랑스 여학생들의 열정이 불타오르고 있었다. 다른 편에서는 파핑 댄스를 추는 남학생들의 현란한 몸놀림이 관광객들의 발걸음을 멈추게 했다.

갈르리 라파예트 백화점(Galeries Lafayette) 샹젤리제점에는 우리나라로 치면 델리 코너같이 디저트류를 모아 판매하는 곳이 있다. 미슐랭 레스토랑 셰프로 이름이 높은 알랭 뒤카스(Alain Ducasse)의 초콜릿 브랜드 르 쇼콜라(Le Chocolat)도 이곳에서 만날 수 있다.

알랭 뒤카스는 1970년대에 이미 미셸 게라르(Michel Guérard)의 식당에서 부주방장으로 일할 만큼 촉망받는 요리사였다. 그는 프랑스 요리의 대가 가스통 르노트르(Gaston Lenôtre)로 인해 디저트 세계에 입문했고, 쉬는 날이면 리옹의 초콜릿 장인 모리스 베르나숑(Maurice Bernachon)과 함께 작업하며 '몹시 관능적이고 매혹적인(une matière terriblement sensuelle et envoûtante)' 초콜릿의 매력에 흠뻑 빠졌다.

요리사로 최고의 찬사를 받으면서도 초콜릿에 대한 애정을 간직하고 있던 그의 꿈은 30년이 흐른 뒤 현실이 되었다. 파리의 중심부 바스티유(Bastille) 근처에 프리미엄 수제 초콜릿 제작소인 '라 마뉘팍튀르 드 쇼콜라 알랭 뒤카스(La Manufacture de Chocolat Alain Ducasse)'를 세우게 된 것이다.

이곳은 빈 투 봉봉(bean to bonbon)을 표방, 카카오 빈을 직접 들여와 여러 과정을 거쳐 사각형의 봉봉 오 쇼콜라를 완성한다. 정사각형의 싱글 오리진 가나슈 초콜릿은 자바, 트리니다드, 마다가스카르, 베네수엘라, 페루 등 카카오 산지에 따른 차별화된 맛과 향을 간직하고 있다. 초콜릿 애호가라면 꼭 한번 도전해 볼 제품이다. 싱글 오리진 가나슈가 부담스럽다면 가나슈에 민트, 라즈베리, 커피, 캐러멜, 바닐라 등을 첨가한 11가지 맛의 가나슈 초콜릿을 추천한다.

르 쇼콜라에서 주목할 또 다른 제품은 특정 지역의 특정 카카오 품종으로 만든 판형 초콜릿이다. 75% 다크 초콜릿과 45% 밀

크 초콜릿으로 대표되는 시그니처 바(Signature Bar)가 가장 대중적이지만, 마다가스카르에서 재배되는 크리오요와 트리니타리오종의 원두로 만든 75% 다크, 베네수엘라 지역의 포르셀라나(Porcelana)종 원두로 만든 75% 다크 초콜릿 등 지역적 특성과 카카오 종의 특성까지 살펴볼 수 있는 오리진 바(Origin Bar) 초콜릿은 생소한 만큼 탐구심을 불러일으킨다.

알랭 뒤카스는 2021년부터 천연 과일과 고품질의 원료를 사용해 최고의 젤라토와 소르베(sorbet)를 만드는 '라 마뉘팍튀르 드 글라스(La Manufacture de Glace)'도 운영하고 있다.

초콜릿을 예술품의 경지로 끌어올린 파트릭 로제

뛰어난 예술성과 훌륭한 기술을 갖춘 파리의 많은 쇼콜라티에 중에서도 초콜릿 애호가들이 최고로 손꼽는 사람이 파트릭 로제(Patrick Roger)이다. 그는 초콜릿을 음식 재료뿐 아니라 자신의 예술 철학을 표현하는 재료로 삼은 쇼콜라티에이자 조각가로, 15세부터 제과점에서 일하며 경험을 쌓았고 1997년에는 자신의 이름을 딴 부티크를 열었다.

2000년에 초콜릿 부문 MOF로 선정됐고, 프랑스 초콜릿 발전에 크게 이바지한 공로를 인정받아 2018년에 레지옹 도뇌르 슈발리에 훈장을 받았다.

파리에 있는 7곳의 부티크는 각기 다른 독특하고 실험적인 내부 장식으로 꾸며져, 마치 갤러리를 연상시킨다. 부티크만 보아도 현대 미술의 진수를 느낄 수 있을 정도다.

마들렌에 있는 부티크는 'Patrick Roger'라는 상호가 없으면 결코 초콜릿 전문점이라 생각할 수 없는 독특한 외관으로 눈길을 끌었다. 그의 시그니처 색깔이라 할 수 있는 신비로운 민트그린색이 전면을 감싸고 있어, 마치 에메랄드빛 바다에 빠져드는 느낌이다.

입구 전면에 진열된 장식물은 그가 만든 초콜릿 조각품으로 때에 따라 교체되는데, 이번 조각품은 마치 무당벌레처럼 빨간 점

이 찍힌 타원형의 반구 모양이다. 파이프 오르간을 연상시키는 관들이 천장부터 벽면을 가득 메우고 그 앞으로 진열대가 있는 독특한 내부의 부티크는 초콜릿을 판매하는 곳이 아니라 멀리 떨어진 우주의 행성 같았다.

초현실적인 실내 장식에 감탄하면서 금속 조형물을 여러 점 전시하고 있는 2층의 갤러리로 올라갔다. 여러 차례 열린 전시회를 통해 조각가로도 인정받고 있는 그의 작품을 오롯이 눈에 담을 수 있었다.

초콜릿 조각품으로 유명한 파트릭 로제의 초콜릿이 매우 단순한 형태라는 건 반전이다. 가나슈와 마지팬, 프랄리네 등 다양한 속 재료를 사각형으로 잘라서 초콜릿을 입힌, 단정하고 정갈한 모양의 초콜릿이 주요 제품이다.

그리고 그의 초콜릿임을 알려 주는 상징적 제품으로, 정말 아름답고 영롱한 색감을 지닌 반구 형태 초콜릿이 있다. 특히 라임 캐러멜 초콜릿은 지구 표면을 멀리서 보면 이런 모습이 아닐까 싶을 정도로 인상적이다. 보고만 있어도 감동적인데, 먹어 보면 입

안에 퍼지는 쌉쌀함과 그 맛을 돋보이게 해 주는 약간의 달콤함까지 있다. 감미롭고도 묘하게 신비스럽다.

제법 큰 세트 제품을 구입, 위에 가지런히 놓인 초콜릿을 다 먹으니 밑에 카카오 닙이 점점이 뿌려져 있는 판형 다크 초콜릿이 모습을 드러냈다. 가격이 비싼 편이라 생각했는데, 또 하나의 초콜릿이 들어 있을 줄이야.

프랄린을 든든하게 받치고 있는 판형 초콜릿

파리의 역사가 되고 있는 드보브 에 갈레

오랑주리 미술관(Musée de l'Orangerie)에서 모네(Claude Monet)의 「수련(Nymphéas)」 연작을 감상한 후, 명화가 주는 감동을 가슴에 담고 센(Seine)강을 건너 드보브 에 갈레(Debauve et Gallais)를 찾아 나섰다. 파리가 넓은 도시라 지도에서는 가깝게 보여도 실제로는 꽤 거리가 멀었다.

메종 드보브 에 갈레도 외관이 초록색이나, 전날 가 봤던 파트릭 로제의 부티크와는 너무도 다른 모습이다. 한 곳은 미래의 모습, 한 곳은 과거의 모습이랄까? 1817년부터 생페르(Saints-Pères) 거리

를 지키고 있는 드보브 에 갈레는 파리에서 가장 오래된 초콜릿 전문점답게 200년이 지난 현재까지도 그 위용을 과시하고 있었다.

약전을 공부한 드보브(Sulpice Debauve)는 1778년 루이 16세(Louis XVI)를 전담하는 약제사가 되었다. 그는 극심한 두통에 시달리던 마리-앙투아네트(Marie-Antoinette) 왕비가 쓴 약을 먹으려 하지 않자 코코아 버터를 섞어 약을 제조했고, 이것은 '씹어 먹는 초콜릿'의 탄생으로 역사에 기록되었다. 마리-앙투아네트가 사랑한 피스톨(Pistole) 초콜릿은 여전히 드보브 에 갈레를 대표하는 상품이다.

나폴레옹 보나파르트(Napoléon Bonaparte) 황제도 이곳의 초콜릿을 즐겨 먹으면서 프랑스 왕실이 사랑하는 초콜릿으로 이름을 떨쳤고, 1816년에는 프랑스 왕실에 초콜릿을 공급하는 유일한 업체로 선정된다. 1823년에는 드보브의 조카인 갈레(Jean-Baptiste Auguste Gallais)가 합류해 지금의 '드보브 에 갈레'로 상호가 변경되었다.

드보브 에 갈레는 19세기 말 대규모 기계 장치가 개발돼 초콜릿이 대량 생산되기 시작했을 때에도 메타테(metate)를 이용한 전통적인 작업 방식을 유지하며 고급 초콜릿의 품격을 지켰다.

이곳은 역사가 긴 만큼 초콜릿 종류도 다양하다. 프랄린과 트러플, 오랑제트, 누가(nougat)를 비롯해 나폴레옹이 좋아했다던 크로카망드(Croquamandes) 등 각종 견과류를 초콜릿으로 감싼 제품도 쇼케이스에 가득하다. 피스톨은 세트로 판매하는데, 여러 세트 중에서 85% 다크 초콜릿을 구매했다. 코코아 함량 85%라 쓴맛이 강하지만, 서서히 녹여 먹으면 어느 순간 달콤함도 느낄 수 있다.

장갑을 끼고 보석처럼 초콜릿을 관리하는 직원의 등 뒤로 다양한 차가 담긴 병들이 장식장을 채우고 있다. 향기로운 차 한 잔에 초콜릿 한 알은 완벽한 조합이다. 이곳의 초콜릿은 커피보다는 차에 어울리는 모양과 맛을 간직하고 있다.

마리-앙투아네트가 사랑한 피스톨

동서양의 하모니, 장-폴 에뱅

멀리 보이는 루브르 박물관

프랑스 초콜릿의 또 한 명의 대가 장-폴 에뱅(Jean-Paul Hévin)의 방돔(Vendôme) 초콜릿 부티크를 목표로 또 걷기 시작했다. 다시 센강을 건너서 루브르 박물관(Musée du Louvre)을 지나 중심가로 향했다.

방돔 광장 근처는 파리에서도 유명한 쇼핑 거리로, 럭셔리 패션 매장이 몰려 있다. 청담동처럼 유명 브랜드의 플래그십 스토어가 건물마다 들어서 있는데, 고야드(Goyard) 매장에 들어가려고 사람들이 줄을 서 있는 게 눈에 띄었다.

장-폴 에뱅의 부티크는 18세기에 지어진 멋진 건물의 안쪽 마당에 있었다. 아치 형태의 출입구를 보지 못하고 지나칠 수도 있다. 마치 골목길을 들어가는 것 같지만, 안쪽 마당에 몇 개의 가게

Françoise Montague
BIJOUX
JEAN-PAUL HEVIN
CHOCOLATIER
PARIS
CHOCOLATIER
B
GARDIEN

가 있을 뿐이다. 길에서 조금 들어왔는데, 딴 세상인 듯 번잡하지 않고 여유롭다.

장-폴 에뱅은 과수원 농가의 아들로 태어나 어렸을 때부터 과일이 들어간 파이 굽기를 즐겼고, 1974년 페이스트리·초콜릿·아이스크림 제조 자격증인 CAP(Certificat d'Aptitude Professionnelle)를 취득한 뒤 제과점에서 수습 생활을 시작했다.

여러 곳의 호텔에서 경력을 쌓은 후 1984년 일본에 건너가 도쿄 라 메종 펠티에(La Maison Peltier)의 수석 셰프로 일했으며, 그때의 경험을 자신의 디저트에 접목, 정교하면서도 은은한 동양적 이미지를 세련되게 구현해 냈다.

1986년에 귀국하면서 일찌감치 페이스트리 부문 MOF가 되었고, 2년 후 파리 라 모트피케(La Motte-Picquet) 거리에 첫 매장을 열었다. 그는 2002년부터 본격적으로 초콜릿 제조에 뛰어들며 같은 해 일본의 도쿄와 히로시마에 2개의 지점을 오픈했다.

장-폴 에뱅은 패션 디자이너처럼 매년 그에게 영감을 주는 주제를 선정해 오트 쿠튀르(haute couture) 의상을 만들 듯 섬세하고 창의적인 초콜릿 신제품을 발표한다. 그는 연금술사와도 같이 미묘한 양의 차이에 따라 달라지는 맛과 향을 세밀하게 연구하고, 많은 시도 끝에 제품의 레시피를 완성하는 것으로 유명하다.

지금도 고급 초콜릿의 품격을 지키고 프랑스와 세계의 초콜릿 문화를 발전시키기 위해 다양한 시도와 해석을 보여 주는 초콜릿 업계의 리더로서, 현재 프랑스에 2개의 작업장을 운영하며 콜롱브(Colombes)에서는 초콜릿을, 라 모트피케에서는 케이크, 마카롱을 비롯한 디저트를 제작하고 있다.

초콜릿과 페이스트리의 대가답게 그의 제품 종류는 셀 수 없을 정도로 많다. 이곳에서는 프랄린뿐 아니라 바 초콜릿, 페이스트리, 마카롱, 잼 등 거의 모든 제품을 판매하고 바슈랭 글라세(vacherin glacé)도 미리 주문해서 포장해 갈 수 있다. 매장 벽면에는 밸런타인데이를 위해 만든, 9.9cm의 킬 힐을 표현한 다크 초콜릿

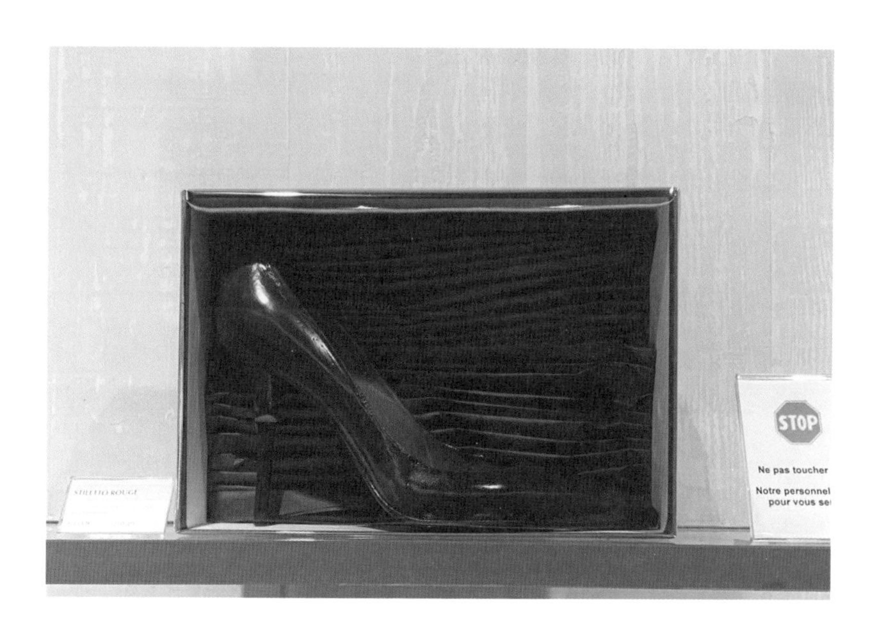

하이힐(Red Stiletto)도 전시되어 있었다.

파리에 있는 매장보다 더 많은 12개의 매장이 일본에 있을 만큼 일본에서 그의 인기는 압도적이다. 일본 국민의 초콜릿 사랑은 유럽인들보다 부족하지 않다. 유럽의 유명 브랜드들이 일본에 매장을 내고, 일본인 쇼콜라티에들도 크고 작은 전문점을 오픈해 성업 중인 것을 보면 부럽기까지 하다.

매장을 나오며 여러 종류의 프랄린을 모아 놓은 기본 세트와 피에르 에르메 제품만큼 맛있다는 마카롱을 구매했다. 파리에서 걷느라 고생한 나를 위한 플렉스였다.

본고장에서 경험한 유럽의 초콜릿 문화

욕심껏 이곳저곳을 다니다 보니 비행기 시간이 얼마 남지 않았다. 취리히 공항을 통해 귀국할 예정이라, 다시 스위스로 돌아가야 했다. 옆 나라지만 국제선이라 3시간 전에는 공항에 도착해야 할 텐데 시간이 빠듯했다.

비교적 순탄하게 일정대로 움직였으므로 별로 걱정을 하지 않고 있다가, 이미 좌석이 꽉 찼다며 기다려 보라는 항공사 직원의 말을 듣고 일순간 당황했다. 이러다가 비즈니스 좌석을 타기도 한다는 얘기를 들은 적이 있지만, 다음 비행기를 탈 수도 있는 일이었다.

좌석을 지정받은 승객들이 다 비행기에 오른 후 초조하게 기다리던 내게 직원이 미소를 지으며 보딩 패스를 건넸다. 여러 번 고맙다고 인사하며 비행기에 올랐는데, 짐을 놓을 곳이 없었다. 내 자리가 비상시 문이 열리는 곳이라 발밑에도 놓을 수가 없어서, 결국 귀중한 초콜릿이 가득 담긴 쿨링 백을 승무원들 사물함에 욱여넣었다.

다시 도착한 취리히 공항에서 호텔로 가기 전에 해야 할 일이 있었다. 서울행 비행기를 타려면 코로나19 음성 확인서를 항공사에 제시해야 하는데, 다음날 공항에서 헤매지 않기 위해 미리 신속

항원검사를 받았다.

이제 공항 근처 호텔로 가서 하룻밤 자면 집으로 돌아간다. 코로나19가 여전히 기승을 부리는 때에 혼자서 무모하게 여행길에 올랐는데, 어느덧 돌아갈 시간이 되었다.

호텔에 도착해서 짐을 정리하고 몰려드는 피곤함을 떨치려 로비로 내려갔다. 공항 옆 작은 호텔이지만 조식을 먹을 수 있도록 로비에 카페가 마련돼 있고, 물과 커피도 무료로 마실 수 있었다. 저녁 8시가 넘은 늦은 시간이었지만, 무사히 여행을 마쳤다는 안도감을 느끼며 커피 한 잔을 마셨다.

전날의 해프닝을 떠올리며 다음날 일찌감치 공항으로 향했다. 짐을 부치고 면세 구역으로 들어가기 전 레더라 매장에 들러 프랄린을 몇 개 샀다.

이곳 사람들에게 초콜릿은 특별한 것이 아니다. 초콜릿의 역사가 오랜 만큼 초콜릿은 그들의 삶 속에 자리 잡고 있다. 비록 긴 시간은 아니었지만, 여행을 통해 초콜릿 제작자들의 자부심과 초콜릿에 대한 유럽인들의 사랑을 느낄 수 있었다. 다음번에는 좀 더 여유 있는 일정으로 유럽에 와서, 이번에 가

더운 여름철을 위해 각 브랜드에서 마련한 쿨링 백

취리히 공항에 있는 초콜릿 전문점 매장

보지 못했던 초콜릿 전문점들을 둘러보리라 다짐하며 달콤한 초콜릿으로 아쉬움을 달랬다.

Chapter 3.

초콜릿에 한국적인 감성을 더하다

1

우리나라의 프리미엄 초콜릿 시장

대기업에서 제조되거나 수입되는 양산 초콜릿을 제외하고, 우리나라의 프리미엄 초콜릿 시장은 쇼콜라티에가 제조부터 판매까지 책임지는 토종 초콜릿과 외국에서 들여온 수입 초콜릿으로 나누어진다.

토종 초콜릿 제조 시장은 다시 수입 커버처를 이용, 수작업을 통해 제조한 아르티장(artisan) 초콜릿과 카카오 빈을 직접 선별, 수입한 후 가공 과정을 거쳐 완성되는 빈 투 바 초콜릿으로 나눌 수 있다.

아르티장 초콜릿은 쇼콜라티에의 손끝에서 아름답게 만들어지는, 일반적으로 말하는 수제 초콜릿이다. 여기서는 우리에게 많이

춘천에 위치한 빈 투 바 전문점 퍼블릭 초콜래토리

알려지지 않은 빈 투 바 초콜릿에 대해 살펴보도록 하자.

빈 투 바는 허쉬(Hershey's), 키세스(Kisses), 엠앤엠즈(M&M's) 등으로 대표되는 양산 초콜릿에 질린 젊은 요식업계 종사자들이 카카오 본연의 맛에 집중한 초콜릿을 만들기 위해 미국에서 1990년대 후반 시작된 새로운 초콜릿 제조 방식이다.

카카오 원산지와 발효, 로스팅 온도와 시간 차이에 따라 천차만별의 맛을 나타내는 빈 투 바 초콜릿은 화학 처리를 하지 않고 코코아 함량이 70%에 육박하는 다크 초콜릿이 주된 상품이어서 건강에 좋은 초콜릿으로도 알려져 있다. 물론 유럽의 프리미엄 초콜릿 브랜드에서 이미 다양한 종류의 바 타입 다크 초콜릿과 싱글 오리진 제품도 많이 출시했기 때문에 빈 투 바 초콜릿만이 카카오의 장점과 효능을 많이 가지고 있다고는 말할 수 없다.

빈 투 바 초콜릿이 미국에서 처음 시작되었을 때는 카카오 빈을 소량 수입하는 것도 제조 과정에 필요한 소형 기계를 찾는 것도 어려웠으나, 시장이 커지면서 지금은 카카오 빈 수입도 쉬워졌고 적당한 기계도 많이 만들어져, 전 세계적으로 소규모 빈 투 바 업체가 많아졌다. 브랜드의 맛이 아닌 카카오 본연의 맛에 집중하기 위해 노력한 빈 투 바 초콜릿이 미국을 넘어 세계적인 트렌드로 자리 잡게 된 것이다.

우리나라에도 2010년대 이후 본격적으로 소개돼 관심을 끌었으나, 선물로 하기에는 너무 평범한 모양의 다크 초콜릿이 주력 상품이어서 소비자의 폭발적인 호응을 이끌지는 못했다. 그러나 카카오에 집중한 초콜릿을 만들고자 하는 젊은 제작자들이 열정과 노력을 더해, 지금은 세계에서도 인정받는 훌륭한 빈 투 바 초콜릿을 제작하고 있다.

그럼에도 아직까지 우리나라 프리미엄 초콜릿 시장은 쇼콜라티에의 섬세한 기술이 돋보이는 아르티장 초콜릿 전문점이 주도하고 있다. 여기서는 우리나라에 수제 초콜릿을 소개한 1세대 쇼콜라티에부터 독창적인 콘셉트로 자신만의 초콜릿을 발전시켜 나가는 빈 투 바, 아르티장 전문점들을 찾아가 본다.

2

빈 투 바 초콜릿 전문점을 찾아서

카카오의 풍미를 섬세하게 구현 – 춘천 퍼블릭 초콜래토리

따듯한 햇살과 살랑살랑한 봄바람이 흐드러진 꽃과 함께 얼굴을 간지럽히는 4월, 춘천에 있는 빈 투 바 초콜릿 전문점인 '퍼블릭 초콜래토리'에 다녀왔다.

강원대학교가 근처에 있고 개천이 흐르는 새롬공원길(석사동)에 자리 잡은 이 매장은 입구에 초콜릿 아이스크림과 초콜릿 우유 입간판이 있어 초콜릿 전문점임을 느낄 수 있다.

퍼블릭 초콜래토리는 뉴질랜드 빈 투 바 제작사에서 일하던 백한빈 대표가 귀국해 2016년에 문을 열었다. 정직하게 거래된 최상급 카카오 빈을 수입해 까다로운 선별 작업을 거친 후 직접 로스

C CHOCOLATORY & cafe
OPEN
Chilled
Chocolate
Milk

팅하고 있다. 유화제나 보존제를 넣지 않음은 물론, 최고급 위노워로 껍질을 제거한 순도 높은 카카오 닙스와 친환경 유기농 비정제 설탕 단 두 가지 재료만으로 초콜릿을 만들고 있다.

주요 제품으로는 에콰도르의 '코스타 에스메랄다스(Costa Esmeraldas)' 카카오 농장에서 생산된 고품질의 카카오 빈으로 만든 에콰도르 70% 다크 초콜릿과 탄자니아의 '코코아 카밀리(Kokoa Kamili)' 생산 카카오 빈으로 만든 70% 다크 초콜릿이 있다. 강원도 청정 산림의 정기가 가득한 산양삼을 활용해 만든 70% 다크 초콜릿도 산양삼 고유의 향미와 초콜릿의 짙은 풍미가 어우러져 많

은 사랑을 받고 있다.

매장에는 카카오 빈 마대가 쌓여 있고 유리 너머로 그라인더와 콘칭을 위한 멜랑제 여러 대가 힘차게 돌고 있어 초콜릿 제작소임을 보여 주고 있다. 초콜릿과 초콜릿 음료, 커피는 물론 구운 아몬드에 초콜릿을 입힌 아몬드 볼, 초콜릿이 듬뿍 들어간 쿠키 세트 등도 판매하고 있다.

한국적인 초콜릿을 꿈꾸는 빈 투 바 선두 주자 – 서울 망원동 카카오다다

예술적 감성이 물씬 풍기는 홍대 입구가 국내외 젊은이들의 폭발적인 사랑을 받으며 장사가 잘 되자 임대료가 오르기 시작했다. 서교동의 역사를 간직한 크고 작은 가게가 문을 닫거나 옆 동네인 망원동으로 옮겨 갔다. 망원동은 망원역을 중심으로 요즘 서울에서 가장 인기 있는 재래시장과 맛집이 즐비한 망리단길이 있고, 합정역, 홍대입구역이 가까워 늘 사람들로 북적인다.

망원역 2번 출구로 나와 망원시장을 지나 찾아간 '카카오다다' 매장은 e편한세상아파트 상가 건물에 있다. 이곳은 세계 각지의 카카오 농장에서 엄선한 카카오 빈을 직접 볶고 갈아서 초콜릿을 만들고 있는 빈 투 바 초콜릿 전문점이다.

카카오다다에서 카카오로 초콜릿을 만드는 데 걸리는 시간은 128시간이다. 이 시간 동안 윤형원·고유림 대표는 우리나라 최고의 빈 투 바 초콜릿을 만들기 위해 정성과 노력을 기울인다. 2016년 카카오 원물의 개성 있는 풍미를 한국적 식문화에 접목해 제공하는 것을 목표로 브랜드를 론칭한 이후 지금까지, 윤형원 대표는 유럽식 초콜릿 디저트 중심에서 벗어나 카카오라는 농작물로 한국적인 초콜릿을 개발하기 위해 여전히 고심 중이다.

넓지 않은 매장은 큰 테이블에 의자 몇 개만 놓인 홀과 초콜릿 제작소로 나뉘어 있다. 초콜릿 제작소가 훤히 들여다보여 카카오

에서 초콜릿이 되는 과정에 필요한 소형 기계 장치들을 살펴볼 수 있다. 제작소 안의 기계가 쉴 틈 없이 작동 중인 걸 보면, 목·금·토 영업일을 포함해 일주일 내내 초콜릿 제조에 매달리는 것 같다.

목이 말라 얼음이 들어간 '마시는 카카오'를 주문했다. 카카오

빈을 직접 갈아 넣어 카카오 본연의 맛을 느낄 수 있는 마시는 카카오는 뜨겁게 혹은 차갑게 취향에 따라 선택하면 된다.

빈 투 바 전문점이니 당연히 대표적인 제품은 코코아 함량 70%의 싱글 오리진 다크 초콜릿이다. 에콰도르, 가나, 도미니카 공화국, 마다가스카르에서 수확한 카카오를 원료로, 원산지의 독특한 풍미와 각기 다른 특징을 최대한 살린 70% 다크 초콜릿은 가공을 많이 하지 않은 자연스러운 맛을 자랑한다. 쓴맛이 거북하다면 페루 54.8% 다크밀크 초콜릿이나 탄자니아 46% 밀크 초콜릿을 먹으면 된다.

개인적으로 선호하는 에콰도르 70% 다크 초콜릿은 은은한 꽃

향기, 허브 향과 함께 새콤달콤한 과일 맛도 많이 느낄 수 있어, 여성 소비자에게 적합한 초콜릿이라 생각한다.

카카오다다의 또 다른 대표 제품은 초콜릿 브라우니이다. 여러 종류의 카카오 빈을 갈아 넣어 발효 풍미가 각각 다르게 느껴지는 꾸덕한 '투뿔 브라우니'와 초콜릿 청크, 카카오 닙스가 씹히는 '트리플 브라우니' 중에서 투뿔 브라우니를 먹었다. 약간 시큼한 맛이 나는 브라우니는 달지 않고 카카오 원재료에 집중했다는 느낌이 강하게 와닿는다. 초콜릿이 달다는 생각을 접게 하는 건강한 맛이 마음에 들었다.

직접 로스팅한 카카오 닙스에 빈 투 바 초콜릿을 여러 겹 입혀

카카오다다의 시그니처 음료 '마시는 카카오'

만든 '카카오 캐비어'는 건강을 위해 카카오 닙스를 먹고 싶지만 쓴맛이 부담스러운 소비자들을 위해 만들어졌다. 쓴맛은 많이 줄었지만 그래도 다크 초콜릿을 입혔기 때문에 씁쓸한 맛은 어쩔 수 없다.

카카오다다는 새로운 도약을 꿈꾸며 10년 만에 패키지 리뉴얼을 단행했다. 우리나라 전통 유물 및 자연물에서 영감을 받아 만든 새로운 패키지는 100년 이상 사용해 온 기계로 한 장 한 장 눌러 찍는 레터 프레스(letter press) 방식으로 제작돼, 나만을 위해 특별히 만들어진 느낌을 준다.

빈 투 바 초콜릿과 커피의 만남 – 서울 서교동 로스팅 마스터즈

젊음의 거리 홍대입구역과 교통의 요지 합정역 사이 서교동에 본점을 두고, 근거리 내에서 합정·연남·공덕점까지 운영하는 '로스팅 마스터즈'는 빈 투 바 초콜릿 전문점이면서 커피의 비중 또한 매우 큰 업체이다.

1998년 해외 지사에 근무할 때 스페셜티 커피의 매력에 빠진 신기욱 대표가 귀국해 로스팅 연구소를 차렸고, 이후 지구 반대편에서 하루 12시간씩 일하는 카카오 재배 농민을 돕기 위해 카카오를 수입, 빈 투 바 초콜릿을 만들게 되었다고 한다.

로스팅마스터즈
2016
CHOCOLATE
WINNER
2018
BRONZE
roastmaster.co.kr

카카오 빈을 수입해 로스팅한 후 작은 크기로 갈고, 현대식으로 재현한 맷돌을 사용해 3일 이상 콘칭 과정을 거친 로스팅 마스터즈의 빈 투 바 초콜릿은 카카오 본연의 맛과 향을 간직하고 있다.

이 매장에서 만드는 빈 투 바 초콜릿은 총 5종류이며 모두 코코아 함량 70%의 다크 초콜릿이다. 코스타리카 말레쿠(Maleku)는 특유의 달콤한 캐러멜 향과 고소함이 특징이며, 타판티(Tapanti)는 2013년, 2015년 살롱 뒤 쇼콜라(Salon du Chocolat)의 'Cocoa of Excellence'에서 품질을 인정받았다. 역시 코스타리카의 라 도라다(La Dorada) 빈은 과일의 산뜻한 산미와 풍부한 향이 인상적이다.

나머지 두 종류는 탄자니아의 킬롬베로(Kilombero) 계곡에서 재배되는 카카오 빈으로 만든 제품과 마다가스카르에서 소량 생산되는 귀한 원두로 만든 제품이다.

다크 초콜릿 외에도 아망드 오 쇼콜라, 잔두야, 파베를 만들어 직장인들의 간식거리로 소량 포장 판매하고 있다. 빈 투 바 초콜릿을 입힌 아망드 오 쇼콜라는 쓴맛이 강하며, 아몬드도 달콤함이 덜하다. 거칠지만 신선함이 느껴진다.

로스팅 마스터즈는 서교동 본점에 초콜릿 제작소가 있고, 여기서 만든 빈 투 바 초콜릿을 다른 지점에서 판매한다. 매장에서는

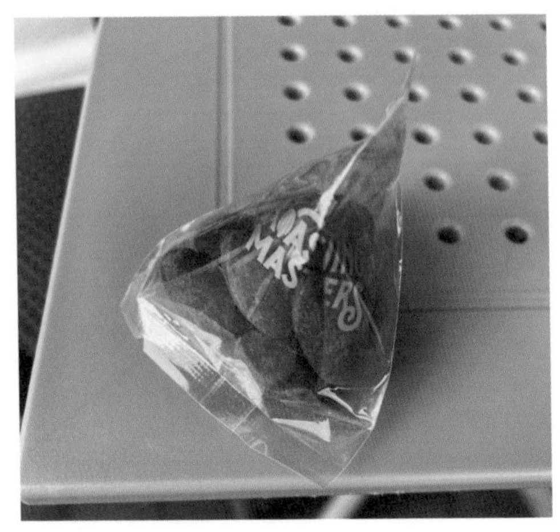

직장인을 위한 간식으로 인기 높은 아망드 오 쇼콜라

커피를 마시러 오는 손님들에게 제공하는 시식용 초콜릿을 비치해 놓고 시식을 통해 자연스레 초콜릿의 구매를 유도하고 있다.

초콜릿 전문점보다는 카카오 전문점 – 제주 구좌읍 카카오패밀리

제주도에는 가 볼 만한 곳이 섬 전체에 가득하다. 그중에서도 구좌읍은 품질 좋은 당근 재배로 유명한 농촌 지역이다. 눈만 들면 바다가 보이는 풍광 좋은 곳에서 주민들은 여전히 밭작물을 재배하고 있다.

제주도의 '카카오패밀리'는 구좌읍에 있는 세화항과 세화해수욕장 근처에 위치해 있다. 여름철이 지나서 피서객이 없다 보니 동

직접 로스팅하고
Certificate of Origin
Vegan
Best Maker
2017
CHOCXO
MEXICO
CHOCXO
MEXICO
BOX IN THE JUNGLE

네가 정말 조용하고 한가롭다.

카카오패밀리는 가족이 과테말라에 거주했던 경험을 살려 현지에서 카카오 빈을 수입, 직접 로스팅하고 48시간 동안 콘칭 과정을 거쳐 다양한 제품을 만들고 있다.

일반적으로 '빈 투 바'라 하면 카카오를 직접 볶아서 갈고 콘칭 과정을 거쳐 바 초콜릿을 만드는 것을 말한다. 그러나 이곳에서는 바 초콜릿을 만들고 있지 않았다. 그 대신 카카오 티, 카카오 캐러멜, 카카오 볼 등 다양한 코코아 함유 제품을 만들어, 취향에 맞춰 구매할 수 있게 매장에서 시음과 시식을 권하고 있다.

매장은 과테말라의 카카오 농장 사진부터 카카오 포드, 여러 지역의 카카오 빈이 진열돼 있는 작은 박물관처럼 꾸며져 있고, 매장 유리창 너머로 카카오 로스터, 그라인더, 콘체 등 기계가 들어차 있는 작업장이 보인다.

매장 옆쪽에는 10월에 오픈한 초콜릿 에스프레소 바 '카밀라스'가 있다. 마시는 카카오 원액에 부드러운 생크림을 올린 카카오 아인슈페너를 맛볼 수 있으나, 앉을 공간이 없는 것은 아쉽다.

3

아르티장 초콜릿 전문점을 찾아서

프랑스식 수제 초콜릿의 완성 – 서울 신사동 삐아프

'봉봉 오 쇼콜라'라고 부르는 프랑스식 한입 크기 초콜릿을 우리나라에서 가장 잘 만든다고 알려진 '삐아프'는 신사동 가로수길 옆 세로수길에 있다. 2017년 「수요미식회」에서 소개될 때는 한적한 주택가에 있는 보석상 같은 초콜릿 부티크였는데, 시간이 흐르며 근방에 식당과 카페도 많이 생기고 사람들로 붐비면서 초기의 고급스러운 분위기는 많이 사라진 느낌이다.

얼마 전 압구정로 방면으로 더 가깝게 이사를 하며 매장이 넓어져서, 분리돼 있던 '마카롱 쿠튀르'가 합쳐졌다. 초콜릿을 구매하면서 마카롱도 함께 살 수 있으니 소비자도 편하고, 판매자도

두 종류를 한꺼번에 권유해서 팔 수 있게 됐다.

고은수 대표는 도쿄에서 우연히 맛본 장-폴 에뱅의 초콜릿에 반해 파리에서 본격적인 쇼콜라티에 수업을 받았고, 발로나 커버처에 대한 애정이 남다른 것으로 알려져 있다.

남해 유기농 유자 껍질을 긁어 가나슈에 섞은 'Yuzu'가 대표적인 제품이며, 그 외 고창 땅콩과 가평 황잣 등 국내 농산물을 이용한 가나슈를 충전재로 사용해서 다양한 맛을 선보이고 있다. 정갈한 모양새와 군더더기 없는 산뜻한 맛으로 정통 프랑스식 초콜릿의 진수를 보여 주며, 필링이 적당히 들어가 부드럽게 녹아드는 마카롱도 초콜릿만큼 많은 사랑을 받고 있다.

삐아프는 또 겨울 시즌의 특별한 날을 위한 한정판 세트를 준비해, 초콜릿은 물론 패키지까지 어우러진 최고의 작품을 선사한다.

MAISON
PIAF ARTISAN CHOCOLATIER
CHOCOLATS
DRAGÉES

MACARON COUTURE SEOUL

MACARONS

놀라운 색감으로 MZ세대 감성 자극 - 서울 삼성동 아도르

선정릉역에 내려 삼성2동 주민센터 옆 주택가를 따라 올라가다 보면, 이런 곳에 초콜릿 전문점이 있나 할 정도로 한적하고 조용한 곳에서 '아도르' 부티크를 만날 수 있다.

주택가 골목이라 해도 신사동의 가로수길처럼 여러 형태의 점포가 다닥다닥 붙어 있는 곳이 강남이라 생각했는데, 아도르 주변에는 변변한 상점 하나 찾기 어려웠다. 편의점과 작은 커피숍 정도가 상권인 곳에서 수제 초콜릿 전문점을 운영하는 쇼콜라티에의 패기와 자신감이 느껴졌다.

매장을 내고 영업을 시작한 지 몇 년밖에 되지 않았지만 아도르는 온라인상에서 MZ세대의 각별한 사랑을 받고 있다. 소셜 미디어에 익숙한 MZ세대는 매년 아도르의 밸런타인데이와 화이트데이 한정판 선물 세트를 사기 위해, BTS 콘서트 티켓팅에 버금가는 빛의 속도로 광란의 클릭을 한다.

그래도 온라인으로 선주문을 받은 후 수량에 맞게 만드니까, 쇼콜라티에에는 재료 준비 및 초콜릿을 만들어 판매하는 모든 과정에서 불필요한 로스를 줄일 수 있다. 소규모로 제조와 판매를 하는 초콜릿 전문점으로서는 선물 시즌을 준비하는 최고의 방법이 아닐까?

아도르 부티크에서는 다양한 가나슈를 다크 혹은 밀크 초콜릿

에 디핑한 클래식 초콜릿과 물방울 모양의 몰딩에 화려한 색감의 셸을 만들어 충전재를 채운 시그니처 초콜릿을 판매하고 있다. 여기에 겨울이 되면 훨씬 다양한 맛과 모양의 프랄린을 만들어 시즌 한정 세트를 구성한다.

백도, 청유자, 방아 등 신토불이 농산물로 속을 채운 시그니처 초콜릿은 재료를 나타내는 화려한 색감과 섬세한 무늬의 셸로 만들어, 보고만 있어도 눈이 호강을 한다. 그러나 물방울 반쪽 크기라 입안에서 너무 금방 사라져 아쉽다.

아도르에서는 2022년 세계유산축전을 기념해 스페셜 초콜릿을 선보였다. 유네스코에 등재된 국내 유산의 의미와 가치를 알리기 위해 기획된 이 행사에서, 아도르는 '매화등 상자'와 '도산서원 〈

산〉 초콜릿 상자' 그리고 작년에도 인기를 끌었던 '안동 일엽편주 소주 초콜릿'을 준비했다.

일엽편주 초콜릿은 안동 농암종택에서 만드는 소주 특유의 맛과 향을 초콜릿의 달콤함과 어우러지게 했으며, 시그니처인 물방울 초콜릿에 붓으로 그린 듯한 디자인이 합쳐져 한 폭의 그림이 완성되었다.

벚꽃 몰드를 이용해 매화의 다채로운 색감을 섬세하게 표현하고 매화 주변의 틀도 모두 초콜릿으로 만들어 감탄을 자아내는 매화등 상자, 퇴계 이황이 직접 쓴 도산서당의 현판 일부를 다크 초콜릿으로 표현한 도산서원 〈산〉 초콜릿까지, 한국적인 색채를 초콜릿에 가미해 아름답게 만들어 낸 아도르의 정성과 솜씨에 박수를 보낸다.

수제 초콜릿의 첫발을 내딛다 - 서울 용산 카카오봄

롯데제과의 가나 초콜릿과 크라운제과의 미니쉘, 오리온의 초코파이가 전부였던 약 20년 전에, 벨기에의 전통 수제 초콜릿 기술을 우리나라에 최초로 소개한 1세대 쇼콜라티에 고영주 대표는 그동안 초콜릿과 관련된 여러 권의 책을 쓰고 방송에도 출연하는 등 수제 초콜릿의 저변 확대를 위해 부단히 노력해 왔다.

2006년에는 서교동에 네덜란드어로 카카오나무를 뜻하는 '카

카오봄'을 개점, 초콜릿 후진 국가였던 우리나라에 본격적으로 수제 초콜릿과 초콜릿 음료를 소개했다. 한때 사세를 넓혀 삼청동과 용산에도 매장을 열었으나 수제 초콜릿 전문점을 운영하는 건 예나 지금이나 어려운 일이어서, 모두 정리하고 지금은 삼각지역 근처 주택가 초입에 있는 용산 본점에 주력하고 있다.

카카오봄은 인공 향이나 색소, 경화유지를 사용하지 않으며 최선의 재료를 사용해서 초콜릿과 초콜릿 음료, 브뤼셀식 와플, 이탈리아식 젤라토를 만든다. 재료에 집중한 카카오봄의 정통 이탈리안 젤라토는 초콜릿만큼이나 많은 사랑을 받고 있다.

매장에 들어가면 고풍스러운 장식의 초콜릿 샘에 부드럽게 반짝이는 초콜릿이 가득 차 있고, 쇼케이스에는 벨기에 초콜릿의 원조답게 다양한 프랄린과 견과류·건과일을 넣어 만든 바크 초콜릿이 먹음직스럽게 쌓여 있다.

또한 코코아 함량이 높아 많이 쓴 강한 맛부터 부드러운 맛까지 3종류의 초콜릿 음료를 준비해 선택의 폭을 넓혔고, 음료와 함께 먹을 수 있도록 바크 초콜릿 조각을 제공한다.

아이디어와 열정으로 만든 다양한 초콜릿 – 서울 용산 라 쁘띠 메종

대통령 집무실이 옮겨간 용산은 오랫동안 서울의 구도심으로 낙후돼 있다가, KTX 호남선의 시·종착역인 용산역을 중심으로 고층 빌딩과 고급 주상 복합 건물이 들어서면서 새로운 전성기를 맞고 있다.

삼각지역 3번 출구 근처에 위치한 '라 쁘띠 메종'은 10년간 건축설계 일을 하던 김혜연 대표가 직장을 그만두고 쇼콜라티에가 되고자 파리에서 공부한 후 2014년 귀국해서 차린 초콜릿 전문점이다. 5년간 삼각지역 근처 다른 곳에서 매장을 운영하다가 지금의 장소로 옮겨 4년째 자리를 지키고 있다.

이곳의 밝고 화사한 실내 인테리어는 젊은 직장인들이 많이 찾는 일반 커피 전문점을 연상시킨다. 그러나 쇼케이스와 중앙 테이블 위를 가득 메운 각종 초콜릿과 코코아 함유 제품을 보면, 쇼콜라티에가 얼마나 많은 아이디어를 동원해 제품을 만들고 열정을 쏟고 있는지 짐작할 수 있다.

쇼케이스에 진열된 초콜릿은 여러 종류의 가나슈를 디핑해서 만든 정갈한 다크 초콜릿이 주류를 이루지만, 화이트 초콜릿에 페퍼민트, 딸기, 녹차, 라즈베리, 유자 등을 넣어 만든 스틱형 초콜릿이 눈길을 끈다. 특히 라즈베리 스틱 초콜릿은 약간 느끼할 수도 있는 화이트 초콜릿을 상큼함으로 가득 채웠다.

주변 회사의 직장인들이 주 고객이다 보니 크고 작은 여러 종류의 태블릿, 크런치 볼 선물 세트, 케이크 토퍼(cake topper) 등 초콜릿으로 만든 다양한 제품들과 예쁘고 아기자기한 컵, 텀블러 등의 굿즈를 비치해 MZ세대를 공략하고 있다.

커피보다는 약간 떫게 느껴지는 홍차의 맛이 초콜릿의 단맛을 중화시킨다며 홍차와 초콜릿의 조합을 강력 추천하는 대표의 소신을 보여 주듯 타바론(Tavalon)의 다양한 차도 준비되어 있다.

서울의 중심가에서 초콜릿을 만든다 – 서울 서촌 미라보 쇼콜라

지금은 강남이 경제의 중심지이자 유행의 중심지로 대한민국을 이끌고 있지만, 한양·경성을 지나 서울에 이르기까지 600년이 넘는 세월 동안 우리나라의 중심은 경복궁과 주변 지역이었다.

역대 대통령들의 단골 삼계탕집으로 이름난 '토속촌'은 오래전부터 정부 종합 청사를 비롯한 여러 기업의 회식 장소로 이용됐고, 한국을 알리는 관광 책자에도 소개돼 중국·일본 관광객들이

꼭 한번 들르는 식당이다.

토속촌은 가 봤겠지만 맞은편에 있는 '미라보 쇼콜라'는 잘 모르고 지나친 사람들이 많다. 미라보 쇼콜라는 상호에서 알 수 있듯이 프랑스식 수제 초콜릿을 만들고 판매한다. 작은 건물을 통째로 사용하는데, 지하층은 초콜릿 공방이고 1, 2층은 매장으로 꾸며져 있다.

소박하면서 빈티지한 외관은 서촌에 어울리는 연륜이 느껴진다. 실내가 좁아 여러 명이 한꺼번에 들어가기 어려운 점은 구도심 건물이 지닌 한계라고나 할까? 1층에는 쇼케이스가 놓여 있고 초콜릿 포장 손님이 많아, 초콜릿과 음료를 매장에서 즐기려면 2층으로 올라가는 게 좋다. 2층은 서촌의 한옥뷰 맛집으로 알려질 만큼 창문 너머의 풍경이 근사하게 다가온다.

시내의 중심지에서 수제 초콜릿을 만들고 초콜릿 음료와 디저트, 커피까지 취급하는 매장을 운영하는 일은 쉽지 않다. 초콜릿을 만드는 데 섬세함만큼 요구되는 것이 체력이라 남성 쇼콜라티에가 느는 추세라는데, 미라보 쇼콜라의 정낙준 대표는 초콜릿 제조부터 커피 내리는 일까지 정말 많은 일을 해내고 있다.

미라보 쇼콜라에서는 여러 가지 가나슈를 디핑한 봉봉 오 쇼콜라를 주로 만들며, 6구부터 12구, 17구까지 다양하게 세

BEAU
MIRABEAU
서촌초콜릿가게
미라보쇼콜라
MIRABEAU
CHOCOLAT

트를 구성할 수 있다. 고소한 흑임자를 갈아 넣어 만든 가나슈 초콜릿과 노란 반구 형태의 소금 캐러멜이 인기 제품이지만, 손이 많이 가는 뮈스카딘(muscadine), 베네수엘라 그랑 크뤼 커버처로 만든 묵직하면서 세련된 맛의 다크 가나슈도 초콜릿 애호가들의 사랑을 받고 있다.

미라보 쇼콜라가 세월이 흘러도 변하지 않는 훌륭한 초콜릿을 만들며 서울의 구도심을 지켜 주기를 바란다.

경의선숲길을 빛나게 하는 보석 – 서울 연남동 17도씨

코로나19 팬데믹이 터지기 전까지 홍대 주변은 밤새도록 불이 꺼지지 않는 지역이었다. 그러나 2년이 넘는 긴 시간 동안 홍대 상권은 바닥으로 떨어져 많은 어려움을 겪었다.

코로나19로 직격탄을 맞은 상권이 회복되는 데 큰 역할을 한 곳이 경의선숲길공원이다. 이곳은 도심의 쉼터로 지역 주민은 물론 홍대 입구를 찾는 외지인들에게도 인기가 높다.

홍대입구역 3번 출구로 나와 경의선숲길공원을 걷다 보면 만날 수 있는 초콜릿 전문점 '17도씨'는 신선한 재료로 만든 프랑스식 디핑 초콜릿으로 많은 사랑을 받고 있다. 상호인 17도씨는 초콜릿을 가장 맛있게 먹을 수 있는 온도이다. 초콜릿의 보관 온도이며 제조 온도이기도 하다.

17°C
THE OPTIMUM TEMPERATURE FOR CHOCOLAT BONBON
OPEN
CHOCOLATE BONBON
CHOCOLATE CONFECTIONERY
CAKE
MACARON
TART
SOFT SERVE ICE CREAM
SHAVED ICE
GIFT BOX
17°

이곳은 2014년에 개업, 수제 초콜릿을 비롯해 초콜릿 케이크·음료·아이스크림 등 거의 모든 초콜릿 디저트를 만들어 판매하고 있다. 매장이 넓지 않은 편이라 테라스에도 테이블을 놓았으나 시원한 가을바람을 맞으며 초콜릿을 먹을 수 있어서인지 쉽사리 자리가 나지 않는다.

쇼케이스 안에는 예쁘게 단장한 초콜릿들이 선택을 기다리고 있었다. 디핑 초콜릿이 대부분이라 쇼콜라티에의 정성이 느껴진다. 몰드를 이용한 초콜릿은 초콜릿 수요가 많은 시즌 때 만들고 평소에는 디핑 초콜릿만으로 세트를 구성한다고 한다.

17도씨의 초콜릿 봉봉(봉봉 오 쇼콜라)은 발로나 커버처와 AOP

(Appellation d'Origine Protégée) 버터, 제철 재료 등을 사용해 맛의 조화를 추구한다. 다양한 과일 함유 가나슈와 우도 땅콩을 비롯한 여러 견과류 가나슈도 훌륭하지만 루이보스, 얼그레이 프렌치 블루, 랍상 소우총(lapsang souchong) 등 향기 깊은 차를 함유한 가나슈 초콜릿이 독특하다.

쇼콜라티에는 8년이 넘도록 한 자리를 지키고 있는데, 여전히 언제 오픈했는지 묻는 사람들이 있는 걸 보면 고급 초콜릿의 대중화가 쉽지 않은 일임을 절감한다고 말한다. 갈 길이 멀다는 건 할 일이 많다는 것. 오늘도 초콜릿에 열정을 쏟고 있는 쇼콜라티에들을 응원한다.

초콜릿 꽃다발로 사랑을 전하다 – 서울 연남동 정스 초콜릿

연남동은 젊은 연인들의 데이트 코스여서 그런지 맛있는 음식점과 달콤한 디저트 숍이 여기저기 흩어져 있어 찾아가는 맛이 쏠쏠하다.

'정스 초콜릿'은 큰길 안쪽 골목의 작은 빌딩 1층에 자리 잡고 있다. 좁은 매장 한쪽을 여러 개의 초콜릿 꽃다발 샘플이 차지하고 있고 판매용 초콜릿은 작은 쇼케이스에 들어 있다. 온라인이나 유선으로 예약 주문을 받고 초콜릿을 만들기 때문에 특별히 매장이 클 필요가 없다는 게 대표의 설명이다. 여름철에 주문이 없을 때는 매장을 닫는 날도 있다고 하니 확인하고 방문하길 추천한다.

정스 초콜릿은 초콜릿으로 만든 꽃다발로 유명하다. 몰드를 이용해 꽃송이를 만들고 막대에 꽂아 굳힌 것으로 추측되는데, 크기와 봉우리는 좀 작지만 완벽한 장미 한 송이로 보인다. 이런 초콜릿 꽃송이와 프리저브드 플라워(preserved flower)를 이용해 다양한 크기의 꽃다발을 만든다.

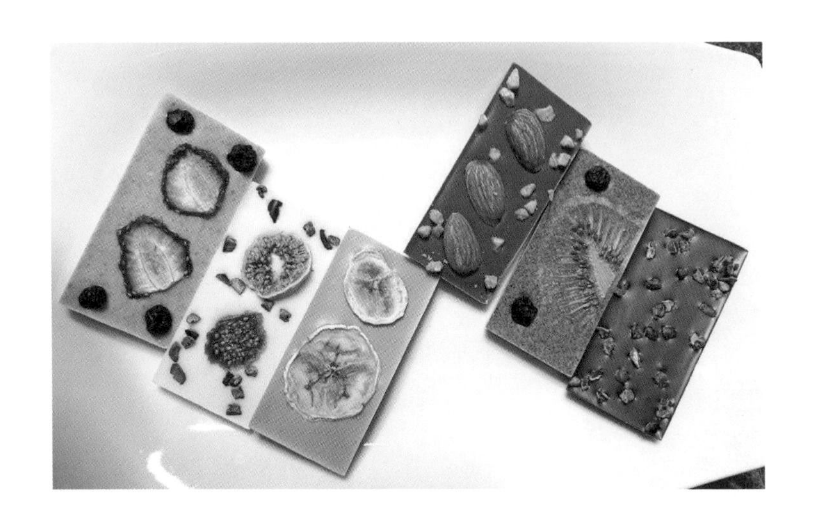

선물을 받고 너무 예뻐서 먹지 못했다며 초콜릿 유통 기한을 묻는 전화가 가끔 온다고 한다. 시간이 오래 지났으면 먹기보다는 진짜 꽃처럼 보기를 권한다.

정스 초콜릿은 초콜릿 관련 일을 하다가 쇼콜라티에가 된 지 15년이 넘은 대표와 디자이너인 아내가 힘을 합쳐 맛과 품질은 물론 눈으로 보기에도 아름다운 초콜릿을 만들고 있다.

이곳에서는 가로 3cm, 세로 6cm 크기의 귀엽고 앙증맞은 태블릿 6종류도 판매하고 있다. 뒷면은 일반적인 태블릿 모양인데, 앞면에 다크·밀크·화이트 초콜릿에 어울리는 카카오 닙스와 아몬드, 무화과·딸기·바나나 등의 건과일 슬라이스를 올려 '보기 좋은 떡이 먹기도 좋다'는 속담을 확인시켜 준다.

초콜릿에 담겨 있는 설렘 – 일산 설레오

2000년대 중후반 초콜릿 전문점을 오픈했던 1세대 쇼콜라티에들에 이어, 2010년대에 자신의 가게를 열며 야심 차게 프리미엄 초콜릿 시장에 뛰어든 2세대 쇼콜라티에가 여러 명 있다.

파티시에로 경력을 쌓은 '설레오'의 송은신 대표가 그중 한 명으로, 일산 호수마을에 매장을 개점한 때는 2010년이다. 여러 아틀리에에서 실전 감각을 익히고 국내외 프리미엄 초콜릿을 벤치마킹하며 나름 자신감을 가졌는데, 우리나라 소비자들은 그렇게 호락호락하지 않았다. 더욱이 강남의 번화가도, 시내의 중심지도 아닌 신도시 주택가에서 고급 수제 초콜릿을 만드는 일은 도전

과 좌절의 연속이었다.

처음의 어려움을 발판 삼아 더욱 품질 좋고, 더 맛있는 초콜릿을 만들고자 노력했고 초심을 잃지 않는 성실함으로 12년간 일한 끝에, 이제 설레오는 일산을 대표하는 수제 초콜릿 전문점으로 소비자의 마음을 설레게 하고 있다.

풍미 깊은 여러 맛의 가나슈를 한 알 한 알 정성스럽게 다크 초콜릿으로 디핑한 봉봉 오 쇼콜라가 주요 제품이며 파베, 오랑제트, 아망드 오 쇼콜라, 로셰 세트 등도 선물로 인기가 높다. 신도시에 거주하는 가족 단위 소비자들의 다양한 기호를 맞추기 위해 어린이들이 좋아하는 초코송이 프리미엄 버전과 정통 누가, 캐러멜 등도 만들어 판매 중이다.

설레오는 마두동을 거쳐 지금은 MZ세대가 즐겨 찾는 산두로 맛집 거리로 이전, 기본에 충실하면서도 반짝이는 감성을 더한 초콜릿 전문점으로서 제2의 도약을 준비하고 있다.

Chapter 4.

우리나라 초콜릿 시장의 상황

1

우리나라 수입 초콜릿 이야기

지금은 우리나라에서도 유럽에서 직수입하거나 유럽 스타일로 만든 고급 수제 초콜릿을 쉽게 맛볼 수 있지만, 2000년대 중반까지만 해도 고품질의 초콜릿을 만나기란 쉽지 않았다.

요즘과 같이 전 세계가 인터넷으로 연결되고 SNS가 활성화되기 전, 외국의 음식 문화 혹은 디저트 문화를 가장 빨리 만날 수 있는 곳은 유명 백화점의 식품관이었다. 밸런타인데이 특별 행사에 소개된 벨기에, 스위스, 프랑스의 프리미엄 초콜릿들이 화려한 선물 상자에 담겨 쇼케이스에 진열되었고, 처음 보는 아름다운 초콜릿의 자태는 신선한 충격이었다.

당시에는 백화점 판매가 끝나면 고급 수제 초콜릿을 먹고 싶어

도 먹을 수 없고, 사고 싶어도 살 수가 없었다. 판매가 검증되지 않았는데 로드 숍을 무턱대고 여는 업체는 없을 것이다. 일단은 소비자와 만나서 판매가 잘 되는지 살핀 후 매장을 내는 게 순서였으니, 온라인 플랫폼이 제대로 구축되지 않았을 때는 소비자와 가장 가깝게 만날 수 있는 곳이 백화점 행사장이었다.

그렇게 인지도를 쌓으며 몇몇 수입업체에서 단독 매장을 오픈하기 시작했다. 여전히 성업 중인 곳도 있지만, 초콜릿 시장을 둘러싼 어려운 상황으로 자취를 감춘 브랜드도 있다. 여기서는 유명 수입 브랜드들의 한국 시장 도전과 실패를 살펴보기로 한다.

스위스 초콜릿의 달콤한 경험, 레더라

스위스 프리미엄 초콜릿 브랜드 레더라의 부티크가 2009년 2월 광화문 SFC몰 지하 1층에 문을 열었다. 밸런타인데이와 화이트데이를 겨냥해 겨울에 오픈했는데, 이 예상이 적중해 손님들이 줄을 서서 초콜릿을 사는 진풍경이 벌어졌다.

2010년 3월 말 레더라는 대대적인 식품관 리모델링을 마친 현대백화점 압구정본점에 입점했다. U자형으로 멋을 낸 쇼케이스 안에는 형형색색의 보석과도 같은 프랄린과 먹음직스러운 견과류에 초콜릿을 버무린 후레쉬 초콜릿이 몇 층씩 쌓여 지나가는 손님들을 유혹했다.

레더라는 신세계백화점 강남점과 경기점, 롯데백화점 잠실점 등 대형 백화점에 진출해 상당한 성과를 거두었으며, 2014년에 현대백화점에서 철수한 후에도 신세계백화점을 중심으로 소비층을 넓혔다.

백화점 영업과 함께 로드 숍 영업에도 힘써 2011년 사직단 근처

에 경희궁점을 열었고, 2014년 가을 구로디지털단지에 구로점, 압구정역 4번 출구 근처에 압구정점을 개점했다.

신세계백화점 강남점은 강남 최대의 백화점답게 세계의 디저트가 각축을 벌이는 곳으로, 프랑스 브랜드인 리샤(Richart)가 빠지면서 유일한 초콜릿 전문 매장으로 인기를 끌었다. 그러나 백화점 특성상 새로운 브랜드에 대한 선호도가 높고, 타 유명 브랜드 입점과 관련해 백화점과 수입사와의 갈등이 생기면서 백화점 영업을 모두 접게 되었다.

레더라는 구로점과 경희궁점을 정리하고 지금은 SFC점과 압구정점에 집중하고 있다. 서울, 부산의 많은 특급 호텔에 숍 인 숍 형태로 입점해 부유층 소비자들의 발걸음을 붙잡는 한편, 온라인 판매에도 적극적으로 나서 공식 쇼핑몰 외에 여러 쇼핑 플랫폼에서 초콜릿을 판매하고 있다.

스토리텔링의 성공, 고디바

1926년 드랍스(Draps) 가문이 브뤼셀에 초콜릿과 과자를 만드는 제작소를 차리면서 설립된 고디바(Godiva)는 그동안 우리나라에 럭셔리 초콜릿의 대명사, 고급 초콜릿의 상징으로 알려져 왔다. 오랜 역사를 지닌 브랜드가 보통 설립자의 이름이나 성을 따 상호를 짓는 데 반해, 고디바는 브랜드명에 스토리를 입힘으로써 진정한 마케팅의 승자로 거듭났다.

초콜릿에 조금만 관심이 있다면, 브랜드 이름인 '고디바'가 포악한 영주인 남편으로부터 백성들을 구하느라 실오라기 하나 걸치지 않고 말을 탔던 고디바 부인을 기리기 위해 지어졌다는 걸 알 것이다.

고디바는 2012년 10월 현대백화점 무역센터점에 첫 매장을 내면서 영업을 시작했다. 지하 식품관이 아닌 1층에 대형 카페 형태로 매장을 오픈하면서 당시 삼성동의 핫 플레이스가 됐고, 상당 기간 현대백화점 디저트 부문의 효자로 많은 매출을 올렸다.

2012년 12월에는 신사동 가로수길에 플래그십 스토어를 열고 오픈 행사에 유명 셀럽들을 초청해 주목을 받았다. 이후에도 각종 이벤트를 개최하고 와인 업체, 화장품 업체의 신제품 소개를 위한 장소 제공, 소규모 콘서트 개최 등 다각적인 마케팅 전략을 펼쳤다.

그러나 고디바의 백화점 매출이 점차 정체되면서 이후 무역센터점과 압구정본점 매장은 축소된 채로 현재까지 운영되고 있다. 매출이 떨어지면 가차 없이 매장을 줄이거나 빠지게 하는 백화점의 '힘'이 느껴지는 대목이다.

고디바는 그동안 벨기에 현지는 물론 일본이나 미국에서보다 훨씬 비싸게 가격을 책정했다고 언론의 비난을 받기도 했으며, 부지런하고 영리한 직구족의 증가와 함께 매출이 줄어드는 아픔을 겪기도 했다. 또 밸런타인데이에 맞춰 편의점 업계에서 고디바 초콜릿을 직접 수입하여 판매하거나, 코스트코에도 저렴한 제품이 등장하는 등 저가 상품의 공세도 만만치 않다.

그러나 밸런타인데이 특수를 공략해 홈쇼핑 채널에도 등장하고, 2022년 초에는 여심 공략 남자 배우 1순위로 꼽히는 이준호를 전속 모델로 영입하는 등 초콜릿 시장의 우위를 점하기 위해 적극적인 마케팅 활동을 펼치고 있다.

너무 일찍 만난 프랑스 초콜릿, 리샤

리샤는 2000년대 후반에 이미 초콜릿 부티크를 선보였던 수입 1세대 브랜드였다. 1925년 프랑스 리옹에서 조제프 리샤(Joseph Richart)가 아틀리에를 열면서 시작한 브랜드로, 우리나라에는 기하학적이며 재미있고 귀여운 무늬의 다크 초콜릿이 주로 수입돼 선보였다.

정말 작은 동전 크기의 초콜릿이어서 검은 바둑알처럼 보였던 기억이 난다. 마카롱도 수입됐는데, 당시만 해도 마카롱이 널리 알려지기 전이어서 그렇게 많이 판매되지는 않았다.

주요 백화점 행사에 참여하고 분당구 수내동에 부티크를 열기도 했으나 2012년 신세계백화점 강남점에서 매장을 철수한 후로는 찾아볼 수가 없다. 초콜릿도 마카롱도 크기가 작은 데 비해 가격이 높다고 생각했는데, 나만의 생각은 아니었나 보다.

©richart.com

정통 마카롱의 씁쓸한 퇴진, 피에르 에르메

재료 본연의 풍미에 다양한 색감을 가미해 프랑스에서 '디저트계의 피카소(Picasso de la pâtisserie)'로 불리는 초콜릿·마카롱 브랜드 피에르 에르메가 우리나라에 2014년 소개되었다. 라뒤레(Ladurée)와 함께 마카롱의 양대 산맥으로 여겨지는 피에르 에르메가 국내에 들어왔다는 소리에 사람들은 그야말로 장사진을 치며 마카롱을 구매했다.

현대백화점 무역센터점에 이어 압구정본점에 들어선 피에르 에

터질 듯 꽉 찬 필링으로 소비자를 사로잡은 뚱카롱

르메는 1개에 4,000원이나 하는 초고가 마카롱과 여러 종류의 초콜릿을 선보였다. 꽃잎을 연상시키는 은은하면서도 세련된 색감의 마카롱과는 달리 정갈하고 깨끗한 사각형 디자인의 초콜릿은 어딘가 마카롱의 기세에 눌린 느낌이었다.

그러나 시간이 지나며 초반의 인기가 식고, 국내 파티시에들이 프랑스 마카롱보다 필링을 많이 넣은 뚱카롱을 내놓자 가격은 저렴하면서도 크기는 2배 가까운 뚱카롱을 찾는 소비자들이 늘어났다. 결국 판매가 줄어들며 피에르 에르메는 한국 내 영업을 접게 되었다.

프랑스의 보석, 라 메종 뒤 쇼콜라

라 메종 뒤 쇼콜라는 1977년 '가나슈의 마법사' 로베르 랭스에 의해 설립돼 '초콜릿계의 에르메스'라고 불리며 프랑스를 대표하는 브랜드로 성장했다.

2015년 신세계백화점이 대대적인 리모델링을 마친 본점과 강남점에 입점시켰고, 2016년 8월에는 부산의 신세계백화점 센텀시티 지하 1층에도 매장이 들어섰다.

오픈 행사에 CEO가 내한해, '한국의 디저트 시장이 매년 커지고 있고 샤를드골 공항 매장의 한국인 구매력이 4위를 차지할 만큼 수요가 높아, 한국 시장을 공략할 적기'라며 강한 자신감을 내비쳤다.

명품 매장을 연상시키는 고급스러운 내부에 흰 장갑을 끼고 정장 유니폼을 입은 직원의 응대, 프랄린 1개에 3,800원이라는 당시로서는 고가의 제품을 선보여 일반 소비자들은 접근하기 어려웠지만, 부유층의 구매력과 고급 선물이라는 이미지에 힘입어 몇 년간 국내 영업을 이어 왔다.

2016년에는 청담동과 스타필드 하남점을 오픈, 수도권을 중심으로 지점을 넓히며 판촉 활동을 통해 소비자들을 공략하고, 밸런타인데이나 화이트데이에 강남의 고급 백화점을 중심으로 팝업스토어를 열면서 명맥을 이어 나갔다.

그러나 계절별 판매 편차가 심한 국내 초콜릿 시장의 한계로 인해 영업의 어려움을 겪다가 백화점에서 철수했고, 2021년에는 스타필드 하남점과 청담점까지 문을 닫았다.

도약을 꿈꾸는 레오니다스

레오니다스는 벨기에의 초콜릿을 우리나라에 가장 먼저 소개한 브랜드이다. 고디바보다 5년이나 앞선 2007년 11월 초콜릿과 초콜릿 음료, 와플, 커피를 판매하는 레오니다스 초콜릿 카페가 명동 성당 가까이에 문을 열었다.

이곳은 매주 항공편으로 벨기에에서 신선한 초콜릿을 들여오고, 레오니다스 초콜릿을 직접 녹여 리얼 초콜릿 음료를 만들 계획으로 프리미엄 초콜릿 시장에 일찌감치 뛰어들었다. 개점 행사

에서도 2~3년 안에 8개의 매장을 내겠다는 야심 찬 계획을 발표했지만, 값비싼 초콜릿에 익숙하지 않았던 소비자들은 그다지 뜨거운 반응을 보이지 않았다.

이후에도 백화점 시즌 행사에 꾸준히 참석하고 판매의 다각화를 위해 다양한 판촉 활동을 벌였으나, 코로나19 팬데믹으로 인해 명동을 찾는 사람들이 줄어들면서 매출이 감소하고, 비행기가 자주 뜨지 않아 수입 물량에 차질을 빚는 등 어려움을 겪었다.

수입 1세대 브랜드로 15년이 넘도록 한자리를 지키며 벨기에

초콜릿의 품격을 보여 주고 있는 레오니다스가 소비자의 사랑 속에 다시 한번 도약하기를 기대해 본다.

잠실의 디저트 맛집, 길리안 초콜릿 카페

2014년 잠실 롯데월드몰 1, 2층에 롯데제과에서 인수한 벨기에 초콜릿 브랜드 길리안(Guylian) 초콜릿 카페가 문을 열었다. 2008년 길리안을 인수할 때만 해도 한국의 기업이 초콜릿의 본산지 벨기에의 초콜릿 브랜드를 사들인 것이 큰 화제가 되었는데, 그 이후 별다른 성과가 없었던 터라 초콜릿 카페의 개점은 많은 관심을 끌었다.

1958년에 설립된 길리안은 프리미엄 초콜릿이라기보다는 고급스러운 대중 브랜드로 알려져 있다. 우리나라에도 해마와 조개

모양의 초콜릿으로 익숙하며, 스위스의 린트, 이탈리아의 페레로 로쉐(Ferrero Rocher)처럼 면세점 뿐 아니라 편의점에서도 쉽게 볼 수 있다.

제2롯데월드의 준공과 개장에 맞춰, 롯데제과가 도약의 발판으로 개점한 길리안 초콜릿 카페는 오픈 당시 현대적인 실내 장식과 모든 디저트를 초콜릿으로 만드는 파격적인 메뉴 선정 등 SNS를 뜨겁게 달구며 화제가 됐다.

그러나 몇 년이 지나며 매장에서 만든 고가의 초콜릿보다는 초콜릿을 재료로 만든 케이크 등의 디저트가 더 인기를 끌게 되었고, 저렴한 씨쉘(Seashells) 초콜릿까지 판매하면서 평범한 카페로 성격이 변질된 채 오늘에 이르고 있다.

쇼케이스에 진열된 초콜릿 4개와 씨쉘 초콜릿 6구짜리를 샀다. 쇼케이스에서 초콜릿을 4개 골라 포장하면 16,000원, 씨쉘 6개는 2/3 가격이다. 초콜릿을 좋아하는 사람은 수제 초콜릿을 사겠지만, 초콜릿을 그냥 달콤한 간식거리 정도로 생각한다면 당연히 저렴한 초콜릿에 손이 가지 않을까? 그러나 먹어 보면 그 맛의 차이는 확연하다. 싼 게 비지떡이란 말은 괜히 나온 게 아니다.

미국 초콜릿의 자존심, 씨즈 캔디

2010년부터 온라인에서 판매되던 미국 캘리포니아의 프리미엄 초콜릿·캔디 브랜드 씨즈 캔디(See's Candies)가 2012년부터 백화점 밸런타인데이와 화이트데이 행사에 모습을 드러냈다.

1921년 씨(See) 가족 회사로 LA에 첫 매장을 연 씨즈 캔디는 천연 원료를 이용한 친환경 초콜릿과 캔디로 캘리포니아 지역에서 인기를 끌었는데, 1972년 '오마하의 현인(Oracle of Omaha 또는 Sage of Omaha)'이라 불리는 워런 버핏(Warren Buffett)이 인수하면서 전 세계의 관심을 모았다.

품질에 대한 창업주 가족의 철학과 제조 방식을 지켜 나가며 미국을 대표하는 브랜드로 성장했고, 우리나라에서도 백화점 행사에서 높은 매출을 올리며 2014년 강남 센트럴

See's CANDIES

시티 파미에스테이션에 1호점을 오픈했다.

판교 알파돔시티에 2호점을 오픈하고 롯데백화점 본점에 팝업 스토어를 여는 등 선전했으나, 지금은 파미에스테이션 매장 1곳만 남아 있고 주요 백화점 식품관 마트와 온라인 쇼핑몰에서 제품을 판매하고 있다.

생초콜릿 광풍을 몰고 왔다 사라진 로이즈

오랫동안 일본 여행객의 귀국 선물로 사랑받던 로이즈(Royce') 초콜릿이 2012년 부산에 매장을 내고, 2013년 초 압구정동 현대백화점 맞은편에 로드 숍을 개점했다.

1983년 삿포로에서 문을 연 로이즈는 홋카이도의 생크림을 사용한 나마(생)초콜릿으로 일본에서 명성이 높았고, 면세점 혹은 직구로 로이즈 초콜릿을 접해 본 소비자들의 호응도 뜨거워서, 2013년 밸런타인데이에는 초콜릿 구매 인파가 압구정로 인도를 가득 메우기도 했다.

다크 커버처에 가열한 생크림을 섞어 굳힌 후 코코아 파우더를 묻히는 비교적 간단한 레시피의 파베 초콜릿은 여러 초콜릿 브랜드의 컬렉션에서도 볼 수 있는 종류인데, 마치 파베 초콜릿을 처음 접한 것처럼 로이즈의 생초콜릿에 열광한 것이다.

로이즈 덕분에 생초콜릿 광풍이 불면서, 파베 초콜릿이 진짜 초콜릿이라 생각하는 소비자도 많아졌다. 많고 많은 제품 중 파베 초콜릿을 가리키며 "이게 진짜 초콜릿이죠?"라고 묻는 소비자에게 초콜릿의 모든 것을 설명할 수는 없었다.

온도가 높으면 금방 녹아 버려서 냉동 상태로 수입, 판매했고 가격대가 그다지 높지 않아 많은 인기를 끌었으나, 직구보다 2배 이상 비싸게 판매하는 게 알려져 비난을 받았다. 또 일본이 가깝다 보니 일본에 여행을 가서 직접 구매하는 사람도 있었다.

로이즈 초콜릿은 2019년 7월 일본 정부의 한국에 대한 수출 규제로 반일 감정이 고조되면서 일본 제품 불매 운동이 벌어지자 판매가 급감해, 2020년 2월에 온라인 영업을 종료하고 3월에 오프라인 매장까지 접으며 우리나라에서 철수했다.

수입 초콜릿은 제품의 품질, 가격대는 물론 국가 간의 외교 문제까지 변수로 등장할 수 있음을 일깨워 주는 사건이었다.

2

우리나라 초콜릿 시장의 한계

우리나라에 처음 초콜릿이 소개된 것은 고종 황제 재위 시절까지 거슬러 올라가야 하지만, 많은 사람에게 알려진 것은 한국전쟁 직후 미군이 우리나라에 주둔하게 된 이후이다. 초콜릿은 군인들에게 없어서는 안 될 간식거리였고, 이미 1, 2차 세계대전에서 그 가치를 여실히 증명했다. 미국의 제과업체에서 대량 생산된 판형 초콜릿은 미군의 필수 식량과도 같았다.

전후 폐허가 된 남한 땅에서 미군이 우리나라 어린이들에게 준 초콜릿은 '잘 사는 나라'의 상징과도 같았을 거라 추측된다. 그러나 생전 처음 먹어 본 초콜릿이 미국의 공장에서 대량 생산된 제품이었다는 것이 우리나라 초콜릿 산업의 고급화를 막는 주범은 아니었을까 싶다.

추억 속에 남아 있는 초콜릿

1990년대 말에 런던에서 몇 년 생활한 적이 있다. 영국에 도착했을 때가 3월이어서 부활절이 가까웠는데, 크고 작은 달걀 모양 초콜릿에 금박 종이를 입힌 '부활절 달걀'이 슈퍼마켓 진열대 위에 가득했던 기억이 있다.

당시 뉴 몰든(New Malden)에 살았던 나는 생일이나 선물로 케이크가 필요하면 차로 15~20분을 운전해 서비튼(Surbiton)에 있는 스위

부활절 기념 초콜릿 장식을 선보인 브뤼셀의 초콜릿 매장

스 파티시에의 가게에 가야 했다. 그때에는 런던 시내에도 초콜릿을 포함해 고급스러운 디저트를 내놓는 디저트 맛집을 찾기가 어려웠다.

음식에 관한 한 후진국으로 평가받긴 하나, 유럽에 있는 영국도 이런 정도니 당시 우리나라의 초콜릿 시장은 어땠을지 짐작이 간다.

80~90년대 우리나라의 경제 발전은 세계가 놀라는 경이로운 사건이지만, 그런 발전을 이루기 위해서 우리 부모님들 세대는 안 먹고 안 쓰고 허리띠를 졸라맬 수밖에 없었다. 동네 빵집에서 사 먹는 단팥빵과 크림빵이 최고의 디저트였고, 1년에 한 번 생일날 버터크림이 듬뿍 발라져 있는 케이크를 먹는 것이 소원이었다. 이런 시기였으므로, 서울에서 살았음에도 불구하고 내가 초콜릿에 관해 기억하는 것은 몇 편의 TV CF에 의존하는 바가 크다.

당대 최고의 여배우들이 청초한 매력을 뽐내던 가나 초콜릿 광고는 문구까지 기억난다. '가나와 함께라면 고독마저도 감미롭다.' 그 당시 하이틴스타였던 이미연 배우가 남자 친구의 겉옷에 얼굴을 가렸다 내밀기를 반복하던 가나 초콜릿 광고는 대한민국 모든 남자들의 마음을 빼앗아 버리며, '초콜릿은 가나 초콜릿밖에 없다'고 생각하게 했다.

1980년대 홍콩 영화 「천녀유혼(倩女幽魂)」과 「영웅본색(英雄本色)」에 출연하며 만인의 연인이 된 고 장국영(張國榮) 배우가 촬영한 오리온(구 동양제과)의 투유 초콜릿 광고는 배우가 직접 우리말로 CM송까지 부르며 열연, 매일 투유 초콜릿을 1개씩 사 먹는 폐인들을 양산했다.

밸런타인데이가 있다는 것도 대학에 진학한 후에 알았다. 지금은 백화점이나 초콜릿 부티크의 대대적인 판촉 활동으로 국민 누구나가 아는 기념일이지만, 당시에는 좋아하는 남자에게 초콜릿을 선물하면 사랑이 이루어진다는 말이 로맨틱하기는커녕 비논리적이고 황당했다.

유럽의 초콜릿 문화를 소개한 백화점 식품관

IMF가 끝난 2000년대에 들어 롯데·신세계·현대백화점은 고급스러운 백화점 이미지를 창출하고 부유층을 잡기 위한 노력으로 해외 럭셔리 제품에 눈을 돌렸다. 식품관에도 와인, 치즈 코너가 자리 잡고, 일본을 비롯한 해외의 유명 식료품이 속속 들어왔다.

그 당시만 해도 고급 백화점의 식품관은 일단 입점을 하면 상당한 매출이 보장됐고, 행사에라도 참여하기 위해 많은 식품업체가 영업 계획서를 제출하곤 했다. 물론 백화점 측에서도 새롭고 고급스러우며 품질 좋은 식품을 찾고 있었고, 그런 브랜드를 입

점시키기 위해 애썼다.

초콜릿도 예외는 아니어서 밸런타인데이를 겨냥해 발 빠르게 해외의 초콜릿을 수입, 백화점 행사에 참여한 입부 업체가 기록적인 매출을 올렸다. 제품이 없어서 팔지 못할 정도였으니, 밸런타인데이 때만 보면 초콜릿이 '황금알을 낳는 거위'였다.

또 일본에서 시작된 화이트데이가 국내에 들어와, 여러 초콜릿 업체에서 초콜릿으로 받은 사랑을 사탕 대신 초콜릿으로 되돌려주자는 판촉 활동을 벌였고, 나름 성공을 거두게 되었다.

유럽의 국가들은 1년 내내 초콜릿을 먹지만, 그래도 시즌은 크리스마스부터 시작해 밸런타인데이를 거쳐 부활절까지라고 할 수 있다. 우리나라도 유럽의 초콜릿 시즌처럼, 수학 능력 시험을 앞둔 수험생에게 초콜릿을 선물하는 수능 특수, 크리스마스와 연말연시, 밸런타인데이와 화이트데이까지 매년 10월 말부터 이듬해 3월

중순까지 '우리만의' 초콜릿 시즌이 형성되기에 이르렀다. 유명 백화점의 식품관이 초콜릿 시즌을 만드는 데 큰 역할을 한 것이다.

국내 초콜릿 시장의 형성과 명암

해를 거듭할수록 크리스마스와 밸런타인데이, 화이트데이에 초콜릿을 선물하는 사람들이 늘어나고, 차별화된 제품을 찾는 소비자들이 많아지면서 우리나라 초콜릿 시장도 기지개를 켜기 시작한다.

2000년대 후반에는 리샤, 레오니다스, 레더라 등 유럽의 초콜릿을 수입해 백화점 행사장에서 판매하던 업체들이 로드 숍이나 백화점에 전문 매장을 내고 국내 초콜릿 시장을 이끌게 되었다.

초콜릿 시장의 발전 가능성이 보이자, 2000년대 초반 프랑스와 벨기에 초콜릿을 수입해 호텔에 판매하던 ㈜제이에프앤비(JF&B)가 프리미엄 초콜릿의 국내 제조를 표방하며 초콜릿 시장에 뛰어들었다.

대기업의 양산 초콜릿과 수입 초콜릿으로 나누어져 있던 우리나라 초콜릿 업계로서는 신선한 충격이었다. 제이에프앤비의 대표는 초콜릿을 수입만 했던 터라 초콜릿 제조를 위해 그동안 알고 지냈던 여러 명의 호텔 셰프에게 도움을 청했고, 여러 차례의 시행착오 끝에 본격적으로 초콜릿을 제조했다.

2007년 '쥬빌리 쇼콜라띠에'라는 이름의 초콜릿 전문점을 오픈해 한때 서울 주요 지역에 여러 곳의 매장을 운영하기도 했고, 남양유업과 손잡아 초콜릿 음료도 출시하며 승승장구했으나, 무리하게 투자하느라 진 부채를 갚지 못하며 2015년 기업 회생 절차를 받게 된다.

한편, 유럽 현지에서 초콜릿을 공부한 우리나라의 1세대 쇼콜라티에들이 2000년대 중후반에 본격적으로 자신들의 부티크 또는 초콜릿 카페에서 정통 수제 초콜릿을 판매하기 시작했다. 이후 초콜릿 시장의 가능성을 읽은 사람들이 유학길에 오르거나, 1세대 쇼콜라티에의 문하생으로 들어가기도 했다.

2010년대에 들어서자 2세대 쇼콜라티에들이 조심스럽게 자신의 부티크를 열며 수제 초콜릿 시장에 뛰어들었고, 이들은 매출에서는 유명 수입 브랜드에 훨씬 못 미쳤음에도 불구하고 고객층을 확보하며 국내 프리미엄 초콜릿 시장의 일정 부분을 차지하게 된다.

우리나라 초콜릿 시장의 현실

프리미엄을 표방하며 수입되거나 제조된 많은 디저트가 '반짝'했다 소리 소문 없이 사라진 일은 비일비재하다. 원인은 여러 가지가 있겠지만, 가장 중요한 것은 소비자의 기호가 너무 빨리 변하고 유행이 자주 바뀐다는 점이다.

식품을 제조하거나 수입해서 유통하는 것은 생각보다 시간이 많이 소요되고 자본이 많이 필요하다. 소비자의 기호를 파악하고 니즈를 충족시키는 제품을 제조하거나 수입했는데, 이미 소비자의 기호가 변하고 유행이 지나면 그 손실을 고스란히 떠안게 되고 만다.

초콜릿은 유행에 맞춰 새로운 레시피의 제품을 금방 만들기가 어렵고, 기존에 만들어진 제품을 들여오는 수입사의 경우는 더욱이 본사에 신제품을 요구할 수도 없다.

게다가 값비싼 프리미엄 초콜릿을 일상생활에서 즐기는 사람은 그다지 많지 않다. 1인당 연간 초콜릿 소비량이 유럽 국가들보다 현저하게 낮은 우리나라 사람들은 초콜릿을 선물로만 생각한다. 비싼 초콜릿을 내가 먹자고 사는 사람은 초콜릿 애호가임이 분명하다.

그러나 10월부터 이듬해 3월까지 6개월 장사해서 나머지 6개월을 버티려면 선물용 수요만으로는 턱없이 부족하다. 몇 년 전까

1년 내내 초콜릿이 흐드러지게 쌓여 있는 유럽의 초콜릿 전문점

지는 '가정의 달' 5월에도 선물용 초콜릿 구매가 늘어나는 추세였으나, 매년 기온이 오르면서 보냉제 없이는 초콜릿을 포장하기 어려워졌다. 기온 변화 또한 국내 초콜릿 산업에 마이너스 요인이 된 것이다.

이와 같이 우리나라 프리미엄 초콜릿 시장이 도약하지 못하고 제자리를 맴돌거나 심지어 뒷걸음질 치는 이유는 첫째, 유행을 빨리 따라가지 못하고, 둘째, 선물용으로만 판매되고 있기 때문이다.

문제점을 파악했으면 해결책을 찾아야 하는데, 해결책을 찾기가 그렇게 쉽지 않다. '빨리빨리'에 익숙한 우리나라 사람들의 변화무쌍함은 급변하는 4차 산업 시대에 적합한 장점이고 이것을 바꾸기는 어렵다. 트렌드에 민감한 것이 우대받는 현실에서 초콜릿은 '클래식'하다 못해 다소 진부할 수 있는 맛과 모양을 지니고 있다.

그럼 초콜릿을 남에게 선물하는 것에서 더 나아가 나에게도 선물하는 것은 어떨까? 이것은 그래도 초콜릿 산업 종사자의 노력과 소비자들의 의식 변화에 따라 가능성이 있다.

초콜릿 전문점과 수입업체에서 좋은 제품을 적정한 가격으로 만들거나 판매해서 초콜릿 애호가를 점차 늘려 나가고, 좋은 초콜릿은 건강에도 유익하며 남녀노소 누구나 즐길 수 있는 디저트라는 생각이 널리 퍼지면 초콜릿을 일상생활에서 즐기는 사람도 늘어나고 우리나라의 초콜릿 산업도 발전할 수 있을 것이다.

수입업체나 쇼콜라티에에게 올 시즌은 힘든 시기가 될지 모른다. 코로나19 팬데믹에도 불구하고 온라인 판매가 크게 늘어 호황을 누렸던 작년과 달리, 올해는 물가가 눈에 띄게 오르고 주식시장이 바닥을 치며 대출 이자가 가파르게 오르는 등 경제 상황이 좋지 않다.

어려운 경제 사정에도 불구하고 디저트를 즐기는 '소확행'과 값비싼 옷은 사지 못해도 달고 쌉싸름한 초콜릿은 사는 '립스틱 효과'로 초콜릿 산업 종사자들의 시름이 기쁨으로 바뀌길 기대해 본다.

에필로그

아무리 훌륭한 기술과 예술적 감각을 갖춘 쇼콜라티에라도 혼자 힘으로는 많은 초콜릿을 만들 수 없다. 쇼콜라티에가 많이 일하는 곳에서도 제작 규모에 따라, 판매량에 따라 어느 정도의 기계 장치는 필수적이다.

'빈 투 바', '빈 투 봉봉'을 표방하는 유럽의 대다수 프리미엄 브랜드에서는 카카오 산지에 재배 농장이 있거나, 재배 농가와 직접 계약을 체결해 수확, 발효, 건조를 마친 카카오 빈을 비행기나 배로 받고 있다. 이렇게 산지에서 받은 카카오 빈의 검수, 선별 과정부터 기계를 이용하기 시작해 위노워, 콘체 등 여러 기계의 힘을 빌려 판형 초콜릿을 만들고, 수제 초콜릿의 디핑법을 대신하는 엔로버를 사용해 프랄린 또는 봉봉 오 쇼콜라를 완성한다.

지금의 수제 초콜릿은 커버처 초콜릿을 템퍼링한 후 공방에서

한 개 한 개 정성스럽게 만드는 좁은 의미의 수제 초콜릿이 아니라 대량으로 생산하는 양산 초콜릿에 대응하는 의미로, 여러 과정에서 숙련된 제작자의 노하우가 들어간 품질 좋고 맛도 좋은 프리미엄 초콜릿을 일컫는 말이다.

대중을 상대로 저렴하게 판매하려면 좋은 재료를 쓸 수 없으니 당연히 품질이 떨어지는 양산 초콜릿에 반하여, 상대적으로 좋은 원료를 써서 품질을 높이고 수작업으로 마무리한 것을 수제 초콜릿이라 부르는 것이다.

그럼 유명 쇼콜라티에는 무슨 일을 하는가? 그들은 레시피를 개발하고 레시피에 적합한 카카오 빈과 재료를 선별하며, 초콜릿 제작과 관련된 모든 과정을 총괄적으로 감독한다.

우리나라에서는 기계를 이용해 초콜릿을 만들면 수제 초콜릿이 아니라는 말도 한다. 그래서 세계 시장에서 많이 팔리는 유럽의 프리미엄 초콜릿을 반수제 초콜릿이라고 말하는 소비자도 있다.

그러나 손으로 만드는 것보다 중요한 것은 초콜릿의 품질과 맛이다. 쇼콜라티에가 혼자 또는 문하생과 밤새도록 수작업으로 초콜릿을 만들어도 완성도가 떨어진다면, 냉정한 소비자는 맛과 품질이 검증된 수입 초콜릿을 선택할 것이다.

수작업에 몰두하느라 애쓰는 시간에 나만의 레시피를 개발하고 주변에서 구하기 쉬운 재료를 연구하며, 품질 향상을 위해 고민하는 편이 쇼콜라티에와 우리나라 초콜릿 산업의 발전에 도움이 되지 않을까?

그러나 템퍼링 기계와 엔로버의 도움을 받아 초콜릿을 만들고, 많은 시간을 초콜릿의 맛과 품질 향상에 할애하고 싶어도 그렇게 하지 못하는 이유가 있다. 기계를 들여놓으려면 연간 일정한 규모의 생산량을 유지해야 하는데, 계절 편차가 큰 업종 특성상 생산량을 유지하기 어려워 기계를 들여놓지 못하는 것이다.

밸런타인데이와 화이트데이에 한정판 초콜릿을 사기 위해 온라인에서 치열한 클릭 전쟁이 벌어지는 것도 제품을 많이 만들지 못하는 쇼콜라티에의 고육지책이었을 것이다.

품질 좋은 초콜릿을 만들기도 어려운데, 쇼콜라티에가 제작에만 몰두할 수 없고 경영까지 신경 써야 하는 게 우리나라의 현실이다. 대부분이 자영업자이기 때문이다. 초콜릿을 만드는 거의 모든 재료를 수입하다 보니 요즘에는 제조 비용도 하늘을 찌를 듯하다. 가게 월세를 내고 나면 쇼콜라티에 인건비를 뽑을 수 없을 정도다.

수입사의 상황도 별반 다르지 않다. 코로나19 팬데믹으로 줄어든 비행 편 때문에 제품 수급이 원활하지도 않은데, 환율 때문에 화물 운송 비용은 몇 배나 뛰었다.

초콜릿 소비가 늘어나야 우리나라 초콜릿 산업도 발전할 수 있다. 소비자들이 초콜릿을 선물로만 구매하지 말고 내가 먹고 싶을 때 기꺼이 사고, 즐거운 시간을 보낼 때 기쁜 마음으로 구입하길 바란다. 그러면 초콜릿 산업 종사자들이 열정을 다해 더욱 품질 좋은 초콜릿으로 보답할 것이다.

초콜릿 한 조각에 담긴 세상

유럽과 한국의 초콜릿을 찾아서

초판 1쇄 펴냄 2023년 2월 14일

지은이 | 김계숙
펴낸이 | 김종필
펴낸곳 | ㈜아트레이크ARTLAKE
인쇄 | 미래pnp

글 김계숙
사진 김계숙 김종필 윤혜신
※ 저작권자와 연락이 닿지 않아 미처 확인하지 못한 경우 확인이 되는 대로 협의하겠습니다.
편집 윤혜신
디자인 전병준

등록 제2020-000231호 (2020년 10월 27일)
주소 서울특별시 강남구 테헤란로4길 15 메가시티빌딩 1501
전화 (+82) 02 512 8116
홈페이지 www.artlake.co.kr
이메일 jpkim@artseei.com, chseok@artseei.com

ISBN 979-11-97184-36-9 03980

책값은 뒤표지에 적혀 있습니다.
파본은 본사나 구입하신 서점에서 교환하여 드립니다.